KB077599

자발적 방관육아

자발적 방관 육아

스스로 공부하는
아이로 키우는 엄마의
이유 있는 게으름

최은아 지음

쌤앤파커스

2장   4-7세 스스로 공부하는 아이로 키우는 자발적 방관육아

3장 8-10세 초등 공부가 중고등 실력으로 이어지는 자발적 방관육아

나만 알고 싶은
상위 2% 아이를 만드는 비법

"야!!"

정신 줄을 놨다. 육아하는 순간마다 정신 줄을 꽉 부여잡지 않으면 썩은 동아줄을 잡은 것처럼 수수밭으로 떨어지는 것은 순식간이다. 그날 나도 썩은 동아줄을 잡았다.

첫째의 미운 4세. 36개월부터 40개월 사이. 아이는 말도 안 되는 것으로 떼쓰고 짜증을 부렸다. 자기가 앉고 싶은 의자에 아빠가 먼저 앉았는데, 의자가 따뜻하다고 소리를 지르고 울었다. 겨우 달래서 데리고 외출하려는데 방문을 내가 먼저 열고 나갔다고 소리를 지르며 울었다. 현관에 가서 신발을 신는데 내가 먼저 신었다고 또

소리를 지르며 울었다. 분명 여기까지는 잘 참아왔는데, 그래서 이제 조금만 더 참으면 외출할 수 있는데 내가 터져버렸다.

"야! 너만 소리를 지를 줄 알아? 나도 소리 지를 줄 알아!"

겨우 4세 된 아이에게 한 말이었다. 여기서 그만해야겠다고 생각했는데, 수도꼭지 방향을 잘못 돌린 것처럼 말이 계속 쏟아져나왔다. 수도꼭지가 고장이 났는지 잠그려고 생각하면 할수록 엉뚱한 말이 쏟아졌다.

"뭐 하는 거야, 지금? 네가 한두 살 먹은 아기야? 왜 자꾸 소리를 질러! 소리 안 지르면 말을 못 해?" 소리를 지르지 않으면 대화할 수 없는 사람처럼 소리를 질렀다. 정신 줄을 놨다는 것을 깨달은 순간, 빠져나갈 구멍을 만들어야 했다. 합리화할 만한 말을 만들어야 했다.

"엄마가 이렇게 소리 지르니까 어때?"

"너도 기분 안 좋지?"

"또 이렇게 소리 지를 거야?"

혼내고 나서 아이를 안아주라는 말이 문득 생각났다.

"엄마가 너 미워서 소리 지른 거 아니야."

"엄마가 소리 질러서 미안해."

밤이 되면 무한 루프가 시작된다. 자는 아이의 이마는 왜 이렇게 쓸어주고 싶은지, 그날따라 잠든 아이는 왜 이렇게 또 짠한지. 내가 소리를 지르면 차라리 "엄마는 왜 소리를 질러!" 하고 대들면 좋으

련만 4세짜리 아이가 겁에 질려 나를 바라본 그 표정이 잊히지 않는다. 두 얼굴의 나는 남편에게도 아이에게도 변덕스러운 엄마와 아내가 되어, 화가 나는 순간마다 감정을 쏟아내었다. 아이가 크면서도 계속되었다.

학교 아이들에게는 늘 친절하고 천사 같은 선생님인 내가 집에만 오면 왜 이리도 친자 확인을 하고 싶은지, 분명히 친절하게 말하려고 노력했는데 입에서 "아니!"가 나와버렸다. 마중물처럼 '아니'가 부어지는 순간, 뒤에 말들은 속사포처럼 터져나온다.

"아니! 엄마가 방금 뭐라고 했어? 방금 말해줬잖아?"

"아, 니, 그, 게, 아, 니, 라!"

"아니라고! 또, 또, 또."

"아니, 좀 전에도 그렇게 풀더니. 왜 또 그렇게 풀어?"

"잘 봐야지. 아니, 이걸 보라고!"

"똑바로 봐야 할 거 아니야. 엄마가 뭐랬어? 지문에 답이 있다고."

"어디 있어? 손으로 짚어봐."

육아 선배들이 말했다. "그때가 제일 힘들 때야. 아이가 조금만 크면 여유가 생겨." 육아 선배들의 말은 책보다 더 정답일 때가 많았다. 아이가 조금 크자 정말로 여유가 생겼으나, 한 발자국 뒤에서 바라보니 수수밭에 떨어져 있는 아이와 남편이 보였다. 나만 우울하고 나만 화가 나는 줄 알았는데 아니었다. 아이가 잘되라고 혼낸 것이 아니라 내 욕심에, 모든 것이 내 뜻대로 되지 않아 그저 화가 난 것이었다.

　내가 그래도 학교 교사인데, 한 번에 30명도 가르쳐봤는데 고작 내 아이 한 명 못 키우겠나 싶었는데 착각이었다. 교사도 엄마는 처음이어서 모든 것이 서툰 실수투성이였다. 매 순간이 불안하고 매 순간이 어려웠다. 나름대로 소신 있게 아이를 키웠는데 나도 별수가 없는 엄마였다.

선생님만 아는 비법이라도 있는 거야?

　육아휴직으로 교사라는 직업을 스스로 잊을 때쯤 복직했다. 교사보다 엄마에 더 가까웠던 그때는 아이를 학원에 보내는 것이 중요했다. 학원 정보를 얻으려면 엄마들 모임에 나가야 하는데, 나는 워킹맘이었다. 게다가 동네 비호감이라 불리는 나의 직업은 엄마들의 모임에서 불편한 존재이기도 하다. 내가 끼면 엄마들이 선생님 이야기를 편하게 할 수 없지 않겠는가. 눈치껏 빠졌다. 그럼 나는 정보를 얻을 데가 없느냐? 일급비밀을 얻을 정보통이 곳곳에 존재한다. 바로 우리 반 아이들이다!

　첫째 아이가 피아노를 배우고 싶다고 하여 알아보니 동네에 피아노 학원이 열 군데가 넘었다. 공부도 잘하고, 뭐든 열심히 하는 우리 반 예쁜이가 "내가 잘하는 것: 피아노, 내가 되고 싶은 것: 피아노 선생님"이라고 썼기에 물었다. "피아노 학원 어디로 다녀? 거기 선생님은 어때?"

단 두 마디면 정보가 술술 나온다. 묻지도 따지지도 않고 등록했다. "어머나! 너 갑자기 그림을 왜 이렇게 잘 그려? 화가 같아!" 분명히 목에서 팔이 나오던 그림이, 사람같이 그려지는 신기한 마술이 벌어졌다. 아무것도 묻지 않아도 나는 정보를 얻기도 했다. "우리 아파트 상가에 치킨집 옆에 미술 학원이 생겼는데요. 저 거기 다녀요!" 미술 학원도 완료다. 이렇게 쉽게 정보를 얻을 수 있는 게 있는가 하면 이런 경우도 있었다.

"1반 그 여자아이 어때요? 제가 영어 수업 들어갔는데 수업 태도도 너무 좋고, 애가 내공이 상당하던데요?"
"걔 너무 괜찮죠. 근데 학원을 하나도 안 다니고 그렇게 공부를 잘해요. 그 엄마 진짜 대단하죠."

'이게 다 아이를 위한 거야.'라고 생각했던 일은 다 나를 만족시키기 위함이었다. 아이가 못 따라오자 나는 불만이 생겼다. 결국 내가 만족이 안 되니 아이를 혼냈다. 학원을 보내는 것도 사실 내 욕심이었는데, 가끔 아이가 버거워하면 아이와 싸우게 되었다. "그럴 거면 학원 때려치워! 네가 보내달라고 해서 보내준 거잖아!" 욕심을 버려야 했다. 아니, 엄마로서 아이가 잘됐으면 하는 욕심은 당연하니, 작전을 바꾸어야 했다.
내공이 상당해 보이는 아이들, 떡잎부터 달라 보이는 아이들을 떠올렸다. 아이를 낳기 전부터 진짜로 공부 잘하는 아이들, 비결을 알고 싶은 아이들을 유심히 관찰했다. 학부모 상담이 있는 날이면 학부모님들은 그저 겸손하게 아무것도 안 했는데 잘 자라줘서 고맙다는 말씀과 함께, 그래도 어떤 부분을 중점으로 키웠는지 한마디씩 해주셨고 나는 그걸 놓치지 않으려 애썼다. 내 아이도 그렇게 키우고 싶었다. 교사들이 '괜찮은 아이'라고 말하는 그런 아이로 키우고 싶었다. 진짜 괜찮은, 진짜 공부 잘하는 아이들이 가진 공통점은 한결같았다.

정답이 눈앞에 있는데 안 따라 할 수가 없었다. 학원도 모두 그만두고 눈도 닫고 귀도 닫았다. 첫째가 한글에 관심을 두는데도 그 흔한 방문 학습지조차 신청하지 않는 나를 보며, 그 흔한 전집 하나 집에 없는 것을 보며 주변 엄마들이 더 걱정했다. "서윤이가 많이 배우고 싶을 텐데, 네가 그걸 막는 건 아닌지 생각해 봐."

아이들이 학원을 여러 개 돌 때, 같이 놀 친구가 없어 심심해하는 아이를 혼자 두었다. 엄마로서 불안하고, 흔들리고, 무섭기도 했다. 그럴 때마다 선생님의 마음으로 돌아가 학교의 그 아이들을 생각했고, 집에서 그렇게 가르쳤다. 그것이 정답이라 생각하며 소신을 지키기로 했다. 엄마들이 말하는 공부와 선생님이 말하는 공부는 전혀 다르다는 걸, 학부모가 되어서야 깨달았다. 그리고 그런 소신을 지키기가 정말 힘들다는 것도 알게 됐다. 왜 아무도 말해주지 않았던 걸까?

둘째가 태어날 무렵, 남편을 따라 지방으로 내려와 주택을 짓고 산다고 하니 사람들은 내가 아이 공부와 학군을 다 포기하고 아이의 놀이와 정서를 위해 내려온 사람이라고 생각했다. 절대로 아니다. 누구보다 내 아이가 공부를 잘했으면 좋겠다. 그래서 마냥 놀리지는 않는다. 누구보다 체계적으로 공부를 시키고 있을지도 모른다. 다만 교사로서 밥 먹고 하는 일이 가르치는 일이다 보니, 교사가 아닌 엄마들보다 시행착오를 덜 겪는 것이 사실이다.

나의 소신을 지켜줄 진짜 공부 잘하는 아이들을 매일 만나고 있다. 내가 아이를 잘 키울 수밖에 없는 것은 공부를 잘하는 아이들을 매일 만나면서 어떻게 키워야 공부를 잘하는지 알고 있기 때문이다. 수도 없는 데이터를 쌓을 수 있는 이곳에서, 확실한 결과물이 있는 이곳에서, 다른 육아서나 자녀교육서를 보아도 이만한 교과서가 없다는 것을 교사들은 안다.

유아 지능검사 결과 상위 2%라니!

첫째가 초등학교 입학을 앞둔 이른 봄, 남편 회사에서 직원 복지를 위한 6회분의 무료 심리 상담 이용권이 나왔다. 아이 지능검사 2회와 보드게임을 통한 심리 상담이 4회가 있다는 말에, 학원에 다니지 않아 심심해했던 첫째를 위해 상담센터에 들렀다. 영재검사에 주로 쓰이는 웩슬러라는 지능검사였고, 상위 2%의 결과가 나왔다.

아이는 매사 신중하고 차분하여 속도가 조금 늦었는데, 오히려 아이에게는 더 도움이 되는 결과라고 말해주셨다. 물론 이 숫자가 중요한 것은 아니지만, 나도 어쩔 수 없는 엄마인지라 뿌듯하고, 대견했다. 또 아이를 위해 맞게 가고 있는지 내심 불안했는데, 결과를 받아들고 지금의 이 교육과 양육 태도를 계속 유지하기로 했다. 남들 다 해주는 방문 학습지도, 학원도, 전집도, 유아 교구도 그 어느 것도 없이 나온 결과였다.

일요일 아침이면 늦잠 자는 게으름쟁이 내 옆에서 아이들은 문제집을 푼다. 첫째에게 주말은 풀고 싶었던 문제집을 정해진 양 없이 마음껏 푸는 날, 책상에 앉아 늦게까지 종이접기를 해도 엄마가 "그만하고 자!" 하고 잔소리하지 않는 날, 학교 가지 않고 밖에서 신나게 뛰어노는 날이다. 스마트기기나 텔레비전은 딸아이의 관심사가 아니다.

심지어 아빠, 엄마가 옆에서 텔레비전을 보아도, 그 옆에 앉아 책을 읽는다. 영어는 영상 노출이 중요하다고 해서 영상을 틀어놓으면, 그 앞에서 종이접기를 하거나 그만 보고 밖에 나가자고 해 엄마를 애태우기도 한다. 장거리 여행에서도 아이들은 그 흔한 스마트폰 영상 하나 없이 2시간이고 3시간이고 앉아서 간다. 심심하고 지루하지만, 그것을 잘 견뎌주는 아이들이다. 심심하고 무료함을 즐기는 아이, 천천히 세상을 탐구하는 아이들로 자라고 있다.

신나게 놀 것 다 놀고 집에 오면, 아이들은 무료함을 책이나 문제집으로 달랜다. 해가 질 무렵, 마당에 나가 노을이 지는 하늘을 오래, 하염없이 바라보는 모습을 볼 때면 내가 다른 것은 못 해도 이 부분만큼은 잘 키웠지 않나 생각이 든다.

첫째가 어릴 때는 먹이고, 씻기고, 재우는 일만으로도 너무 벅차 책 한 권 제대로 읽어준 적이 없었다. 잠자리 독서보다 일찍 자는 것이 더 중요하다고 생각하는 엄마였기에 해가 지면 저녁 먹이고 씻기고 불을 끄고 재웠다. 그런데도 첫째는 4세 겨울부터 스스로 한글을 깨우쳐 혼자 책을 읽기도 하고, 심심할 땐 그림을 그리고, 숨은그림찾기를 만든다. 아이들은 영상 속 세계보다 진짜 세상을 탐구하는 즐거움이 더 크다는 것을 아는 듯하다. 책을 통해 진짜 세상을 느끼고 알아가는 재미를 아는 아이로 커나가고 있다. 바로 우리가 어렸을 때처럼 말이다.

7세 때까지 영상 노출이 전혀 없었지만, 아이는 영상이 아닌 책으로 영어와 가까워지고 있다. 6개월 만에 파닉스를, 1년 만에 엄마의 도움 없이도 원어민과의 화상 영어 수업이 가능한 정도가 되었다. 유창하게 말하거나 영상의 내용을 정확하게 알아듣는 수준은 아니지만, 하고 싶은 이야기를 떠듬떠듬 선생님께 말할 수 있고, 질문을 알아듣고 대답하는 수준이다. 영상 노출과 사교육 없이 이 정도의 아웃풋이 나온 것만으로도 만족한다.

교사만 아는 공부 잘하는 아이들의 비공식 국민룰 대공개

아이들을 의도적으로 방관하며 키우자, 남들보다 뒤처질 것 같았던 아이들은 누구보다 앞서나갔다. 두 아이 모두 12~14개월 무렵에 젓가락질을 완벽하게 했고, 20개월에는 어른용 가위로 가위질을 했다. 두 돌 무렵부터 아이들과 함께 요리했다. 잘 놀아주지 못하는 엄마였기에 밥하는 시간에 옆에 세워두고 소일거리를 조금 나누어주었는데, 둘째는 5세 때 호박전을 제법 모양 나게 부칠 수 있을 정도가 되었다. 모두가 믿을 수 없다고 했지만, 영상을 보면 다들 깜짝 놀란다. 첫째는 7세 때 어린이집에서 《이상한 과자가게 전천당》을 읽어 선생님을 놀라게 했다. 사교육 없이 수학 경시대회에 나가서 상을 받기도 하고, 글짓기 대회에서 1등을 하기도 했다.

"좀 누워서 쉬어. 제발. 허리에 안 좋아."
"책상에 그만 앉아 있어. 뇌가 좀 쉬어야 해."
"책 그만 봐. 불 끄고 잘 거야."

이런 잔소리를 할 때마다 남편과 나는 상황이 이상하게 흘러가지 않느냐고 우스갯소리를 하면서도 내심 기분이 좋다.

"언니, 엄마들도 이론은 다 알아. 자녀교육서 붙들고 맨날 읽어. 인스타그램, 블로그에 좋은 글을 팔로우해놓고 아침마다 읽지. 애 학원 뺑뺑이 돌리고 싶은 엄마가 어딨어? 나도 우리 애 실컷 놀게 해주고 싶어. 근데 불안하잖아. 아무것도 안 시켜서 나중에 다른 애들이 쭉쭉 치고 나갈 때, 우리 애만 뒤처질까 봐 불안해. 그러니까 그렇게 못하는 거지. 언니는 도대체 어디서 그런 소신이 오는 거야? 맨날 놀린다면서 어떻게 하면 상위 2%가 나오는 거야? 진짜 학원 안 보내는 거 맞아?"

안 알려주고 싶었다. 꽁꽁 비밀처럼 숨겨두고 내 아이가 제일 잘되기를 바랐다. 사실이다. 초등교사로 지내면서 얻어낸 나만의 영업기밀, 나만의 노하우인데 이걸 쉽게 알려준다고? 내 아이의 경쟁자를 내가 만든다고? 욕심이 많은 엄마였음을 인정한다. 그렇지만 이제는 숨겨두면 안 되는 비법이라는 것을 안다. 바로 나와 내 아이를 위해서다.

학급에 괜찮은 남자아이를 보면서 우리 딸이 저런 성장과정을 거친 남자를 만났으면 좋겠다고 생각한 적이 있다. 순간 우리 딸이나 딸의 친구들이 만날 남자친구가 공부도 잘하고 마음도 단단한 남자로 잘 커야 한다고 생각했다. 이 쉽고 간단한 비밀을 널리 알려서, 우리 딸 주변에 좋은 친구들이 많아야 한다고 생각했다.

학교에서 매일 만난다. 나의 소신을 지켜줄 그 아이들과 엄마들을 말이다. 내가 만난 멋진 아이들이 있었기에 이 책이 세상에 나올 수 있었다. 학부모님으로, 또 육아 선배님으로 가정에서 훌륭하게 잘 키워 보내주신 덕분에 나도 아이들을 지혜와 소신으로 키워갈 수 있다. 아이들은 행복할수록, 엄마들은 게을러질수록 아이들은 더 잘해낼 것이다. 몸도 마음도 건강하게 잘 자랄 것이다.

1장

공부 잘하는 아이는
뭐가 다르지?

"그래도 초등은 엄마 빨 좀 있지 않아?"

"없어. 엄마들끼리만 그렇게 생각하는 거야. 그것도 4학년 정도 되면 끝나. 초등학교 4학년부터 수포자(수학 포기자)가 나온다고 하잖아. 왜 있겠어? 엄마 빨이라 하면, 엄마가 서두른 덕분에 수학 빨리 포기한 거라고 하면 될까? 엄마가 만든 애는 길게 못 가. 아무리 잘해도 엄마가 만든 애는 눈에 보여."

내가 초등학교 교사라고 하면 대부분 묻는 말은 비슷한데, 그중에 하나는 '그래도 초등은…'으로 시작하는 질문이다. 이 말을 들으면 "그럼 아이들을 초등학교까지만 보낼 생각인 거야?"라고 묻고 싶다. 학교 가기 전에 뭘 시켜서 보내야 하냐고 묻는다. 엄마들은 아이가 모두 어떤 학원에 다니고, 어떤 문제집을 푸는지 궁금해하고, 집에서 어떤 책을 읽어주는지 알고 싶어 하겠지만, 학교에서 공부 잘하는 아이로 키우기 위해서는 다른 질문을 해야 한다.

초등학교 1학년 담임을 할 때 덧셈, 뺄셈을 자유롭게 하는 아이, 구구단을 외우는 아이, 심지어 3학년 문제집을 가져와 나눗셈할 수 있다며 수학 실력을 자랑하는 아이가 있었다. 엄마들이 보기에는 대단히 공부를 잘하는 것처럼 보일 테지만 선생님들 눈에는 그렇지 않다. 엄마들이 말하는 공부 잘하는 아이는 엄마가 준비를 잘 시키고, 선행학습을 많이 시킨 아이다. 지금 공부를 잘하는 것처럼 보이는 아이다.

1학년에 학습을 잘 준비해서 오는 아이는 많지만, 줄넘기를 잘하는 아이나 요거트 뚜껑을 잘 따는 아이는 몇 명 없다. 책상 서랍 정리를 잘하는 아이도 몇 명 없을뿐더러 색칠을 꼼꼼하게 하는 아이도 몇 명 없다. 게다가 40분간 수업 시간에 눈을 맞추며 집중하는 아이는 정말 몇 명 없다. 그중 몇 명은 선행학습은 안 되어 있지만 앞서 말한 모든 것을 다 잘 해내고, 결국 고학년에 가서는 빛을 발한다. 선생님들이 말하는 공부 잘하는 아이는 '앞으로' 공부를 잘할 아이다. 그것도 스스로. 영어 알파벳도 모르고 셈도 느리지만, 가위질을 정교하게 잘하고, 옷을 혼자 잘 정리하고, 체육 시간에 줄을 잘 서는 아이다. 모든 것을 스스로 잘하는 아이는 학교에 적응을 잘한다. 실제로 그런 아이들이 공부도 잘한다. 아니, 잘하게 된다!

공부를 잘하는 아이들의 엄마들과 상담해보니, 공통적으로 '자발적인 방관 육아'를 하고 있었다. 남들이 영어와 한글, 수학 공부에 매진할 때, 집에서 아이의 속도에 맞게 차분히 기다려주었다. 아이가 스스로 할 수 있는 일은 엄마가 부지런히 돕지 않고, 부족한 부분을 채워주기만 했다. 나도 학부모님의 가르침을 따라서 아이들에게 숙제하라고, 책 읽으라고 말하지 않았다. 심지어 밥 한번 제대로 떠먹이지 않았고, 다쳐도 스스로 밴드를 가져다 붙이게 했다. 처음엔 간섭하고 싶어 가슴이 터질 정도로 답답했지만, 조금 돌아가더라도 아이들을 기다려주었다. 시간이 흐를수록 차츰 익숙해졌고 편안해졌다. 아이가 스스로 할 수 있는 일이 많아졌다.

아이가 초등학교에 입학하기 전에 어떻게 하면 엄마가 더 현명하게 방관할 수 있는지, 아이와 함께 긴 학업 레이스를 웃으며 마칠 수 있는지를 궁금해해야 한다. 아이들이 하교한 이후, 교사실에서 오고 가는 우리만의 비공식 규칙, 그리고 학부모님들이 질문하지 않아서 알려주지 못했던 이야기들을 이곳에 풀어볼까 한다.

공부 잘하는 아이는
'이곳'에 자주 안 간다
- 정서적 안정

"선생님! 저 여기 다쳤어요."

"아이고, 아팠겠다. 보건실에 다녀올래?"

"선생님, 저도요! 저 어제 다쳤어요!"

"아이고, 그랬구나. 쉬는 시간에 보건실 다녀와."

"선생님! 저는 이거 저번 주에 다친 건데, 아직도 아파요!"

"아이고, 그랬구나. 많이 아프면 쉬는 시간에 보건실 같이 다녀와요."

"선생님, 저도요! 저도 갑자기 배가 아파요."

"선생님! 아빠랑 저번에 킥보드 타다가 넘어져서 다쳤는데요."

"선생님! 저는 세 살 때 교통사고 났어요."

"선생님! 저는 한 살 때…"

누가 누가 많이 다쳤나, 누가 누가 더 심하게 다쳤나 말하기 대회가 열린다. 1학년 교실인 것 같지만 3학년 교실에서도, 5학년 교실에서도 이런 대화는 늘 오고 간다. 정신 똑바로 차리고 아이들이 기분 나쁘지 않게 맺고 끊는 타이밍을 찾아 수업으로 연결해야 하는데, 타이밍을 놓치면 친구, 이모, 할머니, 사돈에 팔촌에 영화에서 다친 장면까지 모두가 한마디씩 하고 나서야 끝이 난다. 그리고 보건실에 가도 좋다는 허락을 받은 아이들은 쉬는 시간에 모두 보건실을 한 번씩 다녀온다.

공부 잘하는 아이는 '이곳'에 자주 가지 않는다. 어디일까 물으면 보통은 화장실을 가장 먼저 떠올리는데 틀린 말은 아니지만, 공부 잘하는 아이들이 자주 가지 않는 곳은 바로 보건실이다. 우리가 어릴 때 양호실로 부르던 그곳이 맞다. 아이들은 조금만 다쳐도 보건실에 가겠다고 한다. 상처가 보이지 않아도 보건실에 가려고 한다. 처음에는 아이들이 앉아 있기 싫어서 가는 게 아닐까 생각했다. 공부 잘하는 아이는 엉덩이 힘이 있으니 가지 않을 거라 생각했는데, 그게 아니었다.

아이들은 거짓말을 해서라도 관심을 받고 싶어 한다. 아무리 수줍은 아이라 하더라도 인정받고 싶어 한다. 용기가 없어서 그렇지 모두가 나서고 싶어 한다. 사랑받고 싶은 마음이다. 선생님으로부터, 친구로부터 아이들은 모두가 사랑받고 싶어 한다. 집으로 가면 부모님께 인정받고 사랑받고 싶은 마음은 당연할 것이다.

아이들에게 보건실에 가는 행동은 정서적인 안정, 인정받고 싶고, 사랑받고 싶은 마음을 뜻한다. 아주 작은 상처이지만, 밴드 하나 붙여주는 행동으로 아이들은 만족하기도 한다. 상처가 없는 경우에는 큐어 크림이나 영어로 쓰인(아이들이 읽지 못하게) 연고 형태의 로션을 가지고 약이라며 발라주었는데, 그럼 아프지 않다고, 다 나았다며 기쁘게 자리로 돌아간다. 며칠이나 지난 상처를 보여주며 보건실에 가는 아이도 있다. 딱지가 앉아 아물어가는 상처도 많이 다쳤다며 내게 온다. 보건실에 가겠다는 말이 아니다. 상처를 보듬어달라는 뜻이다.

기초 정서 없이 쌓은 공부는 무너지게 마련이다

고학년 아이들은 보건실에 자주 가지 않는다. 저학년일 때야 선생님께 어리광도 부려보고 보건실도 다녀오고 그렇게 사랑을 구하려 애써보지만, 고학년이 되면 상황은 달라진다. "사랑받고 싶어요.", "관심받고 싶어요."라는 표현을 과격한 행동 혹은 무기력한 모습으로 보여준다. 학습에서도 마찬가지다. 무기력하게 앉아 모든 것을 다 포기한 아이처럼 앉아 있는 아이들은 사춘기가 오기 시작하면 사랑을 구하려고 하지 않는다. 끊임없이 어른들의 사랑을 그저 앉아서 확인하려 한다. 관심을 보여주려고 하면 좋아하면서도 밀어내는데,

밀어낼 때까지 밀어내고서야 받아주면 고마울 따름이다.

초등학교 저학년부터 보건실에 가지 않는 아이들도 있다. 그런데 그런 아이들, 공부를 잘한다. 무슨 관계가 있나 싶었는데, 공부는 마음의 안정, 마음의 따뜻함으로 시작하는 것을 아이들을 보며 깨달았다.

매슬로의 욕구 피라미드라는 말을 들어본 적이 있을 것이다. 사람에게는 5가지 욕구가 있는데, 생리적 욕구, 안전의 욕구, 소속감과 애정의 욕구, 존경의 욕구, 자아실현의 욕구가 순서대로 생겨난다는 이론이다. 생리적 욕구가 채워져야 안전의 욕구가 생기고, 안전의 욕구가 채워지면 소속감과 애정의 욕구가 생긴다는 것이다. 쉽게 말하면 눈앞에 내가 좋아하는 연예인이 있더라도(자아실현의 욕구를 채우고 싶지만) 대변이 마려우면(생리적 욕구가 해결이 안 되면) 대변부터 해결해야 연예인을 만나러 갈 수 있다는 말이다.

아이들은 춥고 배고프고 졸린 것이 해결되고 나면, 사랑받고 인정받고 소속되고 싶어 한다. 이 욕구가 충족되지 않으면 다음의 욕구, 다시 말해 공부하고자 하는 마음이 생기지 않는다. 보건실에 자주 가지 않는 아이들은 가정에서 이 안전과 소속감, 애정의 욕구가 모두 채워졌으므로 학교에서 존경과 자아실현의 욕구를 채우고자 노력하는 것이다. 학교에 오면 공부하는 것에 즐거움을 느끼고 돌아간다. 보건실에 갈 필요가 없다는 말이다. 공부 잘하는 아이들이 보건실에 자주 가지 않는 이유는 바로 여기에 있다.

가정에서 안전과 소속감, 애정의 욕구가 채워지지 않으면 아이들은 이 욕구를 채우고자 한다. 바로 학교에서 말이다. 저학년 때는 어떠한 방법으로든 관심을 받고자 노력하고, 고학년 때는 어른들이 관심을 가져주기를 바란다. 때로는 과한 행동이나 엉뚱한 행동으로 관심을 끌기도 한다.

어떤 아이는 다쳐도 괜찮다고 말한다. 지나가다 친구와 부딪혀도 훌훌 털어 넘긴다. 오히려 상대방 아이에게 걱정하지 말라는 말도 건넨다. 그런가 하면, 조그만 상처에도 크게 우는 아이가 있다. 지나가다가 가방을 실수로 살짝 건드렸을 뿐인데 친구를 몰아세우고, 큰 싸움으로 번지기도 한다. 왜 그럴까? 사람에 대한 믿음, 사랑받은 경험이 없기 때문이다.

사랑받은 경험이 없는 아이들이 믿고 비빌 곳이 보건실이다. 언제 가도 따뜻한 보건실은 들어가는 순간부터 마음이 편안해진다. 교사인 나도 가끔 보건실에 가면, 가습기에서 뿜어져 나오는 하얀 수증기만 보아도 마음이 따뜻해진다. 어디가 아픈지 물어주고, 상처를 치료해주는, 어찌 보면 몸의 상처가 아닌 마음의 상처를 보듬으러 가는 곳이기도 하다. 부모님에게서 받지 못하는 사랑과 관심을 보건실에서 찾는지도 모를 일이다.

어렸을 때의 정서적인 안정은 성인이 되어서도 영향을 미친다. 큰일에도 훌훌 털고 일어나 괜찮다며 자신을 다독이고 다음 스텝으로 나아가는 사람이 있다. 상처가 되는 일을 겪어도 자신을 위로하고, 현재 상황에 불평하기보다 더 나은 미래를 위해 꾸준히 공부하는 사람들을 본 적이 있을 것이다. 정서적으로 안정되어 심리적으로 단단하게 성장한 어른이다. 우리 아이들도 그렇게 컸으면 하는 마음이 든다.

공부 잘하는 아이로 자라게 하고 싶다면, 기초학력을 키워줄 것이 아니라 '기초 정서'를 단단하게 만드는 것부터 시작해야 한다. 사랑이 충족된 상태에서만이 아이들은 공부에 집중할 수 있다. 정서를 단단하게 만들지 않은 채 쌓은 공부는 무너지게 마련이다.

"우리 아이가 초등학교 때는 공부를 잘했는데, 중학교 가서 친구를 잘못 만나 이렇게 됐어요."라며 푸념하는 부모님들이 계신다. 기초 정서가 단단한 아이들이라면 친구를 잘못 사귀더라도 언젠가는 다시 돌아온다. 초등학교 때는 공부를 잘하지 못했는데 중고등학교에 가서 두각을 나타내는 아이들도 있다. 따뜻한 가정에서 만들어진 단단한 정서, 그리고 그 위에 쌓아 올린 공부는 언젠가는 완성된다.

따뜻한 정서를 가진 아이들과 그 부모님을 보니, 정서적 안정을 채워주는 방법은 아주 쉽고 간단했다. 뭔가 대단한 것을 해주어야 할 것 같았는데 그렇지 않았다. 좀 더 구체적이고, 쉽고, 그리고 편안하게 아이들의 정서를 안정되게 만들어주는 방법은 2장에서 소개한다. 혹시 지금까지 내가 상처를 주지 않았나, 우리 아이에게 공부할 기초 정서를 만들어주지 못했나 자책하고 있다면 걱정하지 말기를 바란다. 훌훌 털어버리고 다음 스텝으로 나아갈 힘을 만들어주는 것이 안정적인 정서를 만드는 이유라고 한 것처럼, 엄마도 지난 일을 훌훌 털어버리고 다음 스텝으로 나아가는 모습을 보여주면 된다. 기억하자! 아이들은 언제나 우리가 사랑해주기를 기다리고 있다.

'이것' 시켜보면
누가 공부 잘하는지 안다
- 자기 조절력

"진짜 신기하지? 내가 1학년 담임만 거의 10년을 하는데, 공부 잘하는 애는 줄넘기도 잘해. 줄넘기가 안 되면 이상하게 다 안 된다?"

1학년 담임교사만 오랫동안 해오신 선배 선생님이 해주신 말씀이다. 그런데 정말 저학년 아이들을 모아놓고 줄넘기를 시켜보면 누가 공부를 잘하는지, 공부를 잘하게 될지가 눈에 보인다. 저학년 아이들의 경우에는 이 규칙을 벗어난 적이 거의 없다. 학년별 교사 회의 시간에 교사들은 각반 아이들의 엄마가 되어, 우리 반에서 누가 잘하는지 가끔 자랑 대결을 펼치곤 한다. 소름 돋는 사실은 거기에 이름을 올리는 아이들은 한 명도 빠짐없이 줄넘기를 잘한다는 사실이다. 가장 줄넘기를 오래 하는 아이가 그 반에서 가장 수업 태도가 바른 아이인 경우가 많다.

"저 아이가 그날 말씀하셨던 그 아이 맞죠?" 아이들을 모두 강당에 모아놓고 줄넘기를 시킨 날, 각 반에서 가장 줄넘기를 오랫동안 안정적으로 잘하는 아이들은 그날 우리가 이야기를 나누었던 그 아이들이 맞았다. "거봐! 내가 뭐랬어! 내 말이 맞지? 공부는 협응력과 조절력이 중요해. 자기 몸을 잘 다룰 줄 알아야 공부도 하는 거라니까." 그날 이후로 나는 딸아이 공부를 위해 한글은 가르치지 않았지만, 줄넘기만큼은 열심히 가르쳤다.

나도 1학년 담임교사만 4년을 했다. 교직 경력 35년이 넘으신 선배 선생님도 1학년 담임을 한 번도 해본 적이 없다고 하시니, 1학년 담임 경력으로는 짧은 경력이 아닐 것이다. 이를 통해 알게 된 것이 있는데, 초등 1학년은 입학식 날부터 1년 살이를 알 수 있다. 줄을 세워보면 답이 나온다(다른 학년도 마찬가지이긴 하다). 입학식 날 가방을 메고 줄을 서서 기다리는 동안, 이 기다림을 못 참는 아이들이 있는데 1년 살이가 예상되는 순간이다.

엄마들은 아이가 수업 시간에 잘 앉아 있기를 바란다. 학부모 상담에서도 많이 궁금해하고 또 걱정하신다. "아이가 수업 시간에 잘 앉아 있나요?" 실제로 잘 앉아 있는 아이가 수업도 잘 듣는 것은 맞다. 물론 앉아서 딴짓하는 아이들도 많지만, 대개 공부를 잘하는 아이는 수업 시간에 잘 앉아 있다. 쉬는 시간이나 아침 활동 시간

등 비교적 제약이 없는 시간에도 잘 앉아 있는데, 이는 내성적인 성격과는 조금 다른 문제다.

줄넘기, 줄 서기, 앉아 있기. 이 모든 것은 자기 조절력과 관계가 있다. 자기 조절력은 자신을 스스로 통제하여 상황에 맞게 행동하는 능력을 말한다. 학교에서 필요한 자기 조절력에는 신체 조절, 관계 조절, 주의력 조절, 시간 조절 그리고 계획 조절력이 있다. 이는 학교뿐만 아니라 가정에서, 또 아이의 교우관계에서도 기본이 되는 능력이다. '나 하고 싶은 대로'가 아니라 다른 사람과 함께 생활할 때 맞춰 살아가는 능력인 것이다.

수업 시간에 친구와 이야기하고 싶지만 다른 친구들을 보며 참아야 하고, 줄을 서 있기 힘들지만 단체로 움직이는 상황에서는 줄을 서서 기다려야 한다. 가만히 앉아 있기가 힘들지만 앉아 있어야 한다는 뜻이다. 화가 나지만, 조금 참을 줄도 알아야 한다. 물론 말로 표현할 수 있다면 더 좋겠지만 말이다.

아이가 똑똑한데 산만하다면

수업 태도가 바른 아이들의 공통점은 자기 조절력이 높다는 점이다. 학교생활에서 가장 기본이 되는 능력이 바로 자기 조절력이기도 하다. 이것을 갖추기만 한다면 스스로 공부하는 아이로 자란다. 공부 잘하는 아이로 키우고 싶다면 기초학력이 아닌 자기 조절력을 먼저 키워주어야 한다. 아직 신체가 준비되지 않은 상태에서 지식만 가르치면, 산만한 똑똑이가 되어 오히려 수업 분위기를 흩트리는 아이가 된다.

줄을 서 있어야 하는 상황에서 서 있지 못한다거나, 다른 아이들에 비해 많이 돌아다닌다면, 활발한 것이 아니라 자기 조절력이 부족한 것은 아닌지 살펴보아야 한다. 가만히 있고 싶지만 어떻게 해야 가만히 있을 수 있는지를 몰라서 그렇기도 하다. 자신의 신체를 스스로 다룰 줄 모르기 때문이다. 자신의 몸을 스스로 통제하는 능력을 가르쳐주어야 수업 시간에 앉아 있기 싫어도 앉아 있을 수 있다. 이에 줄넘기는 굉장히 큰 도움이 된다.

줄넘기는 규칙이 간단하고 명확하다. 줄을 넘어야 한다는 간단한 규칙이 있고, 줄을 넘지 못하면 다시 시작해야 한다는 규칙이 있다. 어릴 때부터 줄넘기를 하면 규칙에 맞춰 놀이하는 것을 배울 수 있는데, 줄넘기는 혼자 할 수도 있어 비교적 자유롭게, 그리고 자주 할 수 있는 운동이다. 스스로 줄을 돌리며 뛰어넘는 이 행동이 단순해 보이지만, 자기 조절력을 기르는 데 큰 도움이 된다. 내 몸을 내가 어떻게 써야 하는지를 스스로 체득할 수 있다. 규칙에 따라 정해진 수만큼 도전하기, 줄에 걸리지 않고 100번 넘기와 같은 도전 과제들은 아이들을 인내하게 하는 데도 도움이 된다.

'그럼 이제 줄넘기 학원에 보내야겠구나!' 하고 생각하는 부모님이 계실지도 모르겠다. 줄넘기 학원에는 보낼 필요가 없다. 어쩌면 보내지 않는 편이 더 나을지도 모른다. 줄넘기 선수를 만드는 것이 목적이 아니다. 아이가 자기 몸을 스스로 조절하면서 어떻게 하면 줄을 잘 넘을 수 있을지를 고민하고, 실패와 성공을 반복하면서 스스로 방법을 찾아나가는 과정에서 조절력이 생기기 때문이다. 신체 조절력 외에도 다양한 자기 조절력을 키워주는 방법은 2장에서 소개한다.

받아쓰기 20점 받아도
당당한 아이는
결국 100점 맞는다
– 내적 동기

"선생님, 말도 마세요. 아이가 1학년 때는 받아쓰기 10~20점 받고 그랬어요. 제가 얼마나 속이 탔는지 몰라요." 공부 잘하는 아이의 학부모님들과 상담하면서 어쩜 그렇게 공부를 잘하느냐, 걱정이 없으시겠다고 하면 으레 들을 수 있는 말이다. 겸손하셔서 그런가 했더니 아니었다. 실제로 1학년 담임을 하면서 받아쓰기 10~20점 받는 아이 중에 고학년이 되어 공부를 잘하는 아이들이 많다. 이 아이들은 무엇이 달랐을까?

스스로 공부하는 아이들의 공통점은 '자기가 좋아서 하는 아이'라면, 나중에는 100점을 받는다는 것이다. 100점이라는 숫자가 의미하는 것은 문제를 다 맞췄다는 의미이기도 하지만, 결국 해낸다는 뜻이기도 하다. 받아쓰기 단어를 10개 중에 2개만 공부해오던 아이가 있었다. 아이가 10개를 외워 오려니 버거웠는지, 엄마가 2개만 외워서 보냈다. 아이는 2개에 최선을 다했고 나는 결과로 20점이 아닌 92점을 적어주었다. 90점은 열심히 노력했고, 남의 것을 보지 않고 정직했으며, 2개를 완벽하게 공부한 점수라고 했다. 그다음 날 아이는 신이 나서 왔다. 엄마가 2개 맞았다고 잘했다며 집에 가는 길에 아이스크림을 사주셨다고 했다.

아이가 신이 나서 다음에는 3개를 공부해오겠다고 했다. "그러면 가장 쉽고 짧은 문장을 3개만 공부해서 오렴."이라고 했더니 아이는 가장 긴 문장을 공부해오겠다고 했다. 누가 시키지 않았음에도 아이는 계속해서 2개, 3개, 4개를 외워 오더니, 결국 1학년을 마치는 마지막 받아쓰기 시험에서 100점을 받았다.

아이들 받아쓰기를 지도할 때는 무조건 90점에서 시작한다. 아이들에게 더 좋은 점수를 받고 싶은 마음을 심어주기 위해서다. 공부를 못하고 싶어 하는 아이는 없다. 아이들은 누구보다 공부를 잘하고 싶어 한다. 아이들에게 무언가를 시켜야 할 때는 "이거 하면 똑똑해진대!" 하고 말하는데, 그럼 너나 할 것 없이 열심히 한다. 아이들이 매번 60점, 70점 등 기대에 못 미치는 점수를 받다 보면 아이도 지친다. 3개 틀린 아이에게 70점이 아닌 97점을 적어주면, 다음 시험에서는 100점 받을 가능성이 크다. 스스로 더 좋은 점수를 받기 위해 노력하기 때문이다.

아이들에게 공부하고 싶은 마음을 심어주어야 한다. 억지로 공부를 시킬 수는 없다. 공부하고 싶게 만들어주는 것이 엄마의 역할이다. 공부가 버겁다면, 할 수 있는 만큼 양을 줄여서 아이가 하고 싶은 마음이 들게 해주면 된다. 목표 설정을 낮춰 아이가 도전할 수 있는 마음을 만들어주고, 그것에 대해 칭찬을 아끼지 말아야 한다. 남과 비교한 점수가 아니고 100점이 아닌, 아이가 정한 점수에 도달하는 것을 목표로 하고 칭찬해야 한다. 엄마가 받아쓰기 공부를 앉혀놓고 시킬 필요가 없다. 엄마는 하고 싶은 마음만 심어주면 된다. "딱 1개만 외워서 10점 받아와! 그럼 잘한 거야."

이를 조금 어려운 말로는 내적 동기라고 부른다. 하고 싶은 마음이라고 부르는 동기는 내적 동기와 외적 동기로 나누어지는데, 남이 시켜서 하게 되는 것은 외적 동기이고, 내가 하고 싶어서 하면 내적 동기이다. 컴퓨터 게임, 스마트폰 게임을 밤새도록 지속하게 하는 것은 바로 이 내적 동기다. "이제 숙제할 시간이야. 앉아서 공부해."라는 말은 외적 동기인데, 이를 내적 동기로만 바꿔주어도 아이들은 앉아서 공부한다.

엄마가 손 안 대고 코를 풀 수 있다

"저는 아이의 속도대로 키우려고 노력하는 중인데, 다른 아이들을 보고 있으면 제가 마음이 급해져요."

쓰기가 아직 어려운 3학년 학생의 엄마가 상담하다가 말씀하셨다. 나는 잘하고 계신다고, 그 속도대로 하시면 된다고 말씀드렸다. 다른 아이와 비교하면 내 아이가 늦다. 그렇지만 내 아이만 보고 있노라면 내 아이는 자신의 속도대로 잘 크고 있는 것이 분명하다. 걷기가 느리지만 결국 걷는다. 말이 늦게 트여서 걱정이지만 결국 모두 말하게 된다.

공부도 마찬가지다. 자신의 속도에 맞춰 다 하게 된다. 그렇다고 아이를 그냥 두라는 이야기가 절대 아니다. 타고난 영재가 아니고서야 공부를 가르치지 않았는데 다 알아서 하지는 않을 것이다. 다만, 아이의 속도에 맞춰서 정서적으로 구석으로 몰지 않고 기다려줘야 한다는 뜻이다. 이때도 엄마가 내적 동기를 잘 이용하자. 아이에게 계속해서 더 많이 가르치려 하지 말고 하고 싶은 마음을 만들어주는 것이 엄마가 할 일이다.

공부를 스스로 깨우치는 즐거움, 내적 동기에서 시작하게 도와주어야 한다. 1개 맞으면 1개 알아 온 것에 기뻐하고, 3개 맞으면 3개 맞은 것에 기뻐하면 된다. 적극적으로 기뻐하고, 연기해서라도 기쁜 척을 해야 한다. 아이는 그 기쁨을 쌓으며 자신의 성공 경험을 쌓아나간다. 내적 동기에 의해 아이에게 성공 경험이 차곡차곡 쌓이면 아이는 스스로 공부한다. 점수가 올라가면 재미있기 때문이다. 물론 '나의 미래를 위해서 공부를 해야겠다!'고 하면 가장 좋겠지만, 아이들이 어릴 때 이런 마음을 갖기는 어렵다.

'엄마를 기쁘게 하려고 공부해야지!'라는 마음가짐은 내적 동기이다. '엄마에게 혼나지 말아야지! 1개 틀리면 분명히 혼날 거야!'라는 마음은 외적 동기다. 내적 동기로 쌓아 올린 공부는 사춘기를 거쳐 중학교, 고등학교에 가서 나 자신을 위한 공부로 이어진다.

혹시 영유아를 키우는 엄마들이라면, 아이들이 어릴 때 한글을 가르치기 위해서 방문 학습지를 시작하는 것을 신중하게 판단했으면 좋겠다. 이는 공부를 외적 동기에서 시작하게 하는데, 내가 필요해서 한글을 깨우치는 것이 아니라 엄마와 선생님이 정해주는 공부에서 시작하기에 외적 동기로 첫 공부를 경험하게 되는 점이 우려스럽다. 내가 책을 읽고 싶고, 스스로 이름을 쓰고 싶고, 길거리에 간판들을 읽고 싶은 마음이 내적 동기이다. 이 관심을 계속 발전시켜주어야 스스로 터득하는 재미를 느끼며 공부의 재미를 알아간다.

내가 필요해서 이름을 알게 되고 이름을 썼을 때 엄마에게 칭찬을 듣는 것과, 학습지에 있는 단어 '코끼리'를 읽고 종이에 썼을 때 엄마에게 칭찬을 듣는 것은 미묘한 차이가 있는데, 이를 주의해야 한다. 한글에 관심이 생기기 시작할 때, 갑자기 방문 학습지를 들이밀면 스스로 필요에 의한 공부가 아니라 누군가가 시켜서 하는 것이 공부라는 인식을 갖게 한다. 한글에 관심을 가지고 무언가를 읽고 쓰려고 한다면 물어보는 것만 알려주고 나머지는 그냥 두자.

어른도 새로운 외국어를 배우는 초기 과정에 갑자기 많은 과제를 들이밀면 질려서 금방 포기하게 된다. 한글에 관심을 갖기 시작하는 나이는 아이마다 다른데, 늦어도 7세 가을 혹은 더 늦은 아이는 8세에 입학한 뒤에 생기기도 한다. 스스로 필요하다고 생각해서 시작하는 공부는 속도가 빠르다. 5세에 1년 걸릴 한글 떼기가 7세 후반에는 2~3달이면 끝나는 일은 쉽게 볼 수 있다. 심지어 한글을 늦게 시작하면 문자를 읽지 못했을 때 배울 수 있는 것들을 볼 수 있으므로 너무 늦은 건 아닐까 고민한다면 마음속으로만 하자. 한국 나이로 7세 가을까지도 한글에 관심이 없다면, 그때 엄마가 조금 서두르는 마음으로 시작해도 늦지 않을 것이다.

이 글을 읽고, '방문 학습지로 한글 공부를 시작했는데 어떡해!' 하고 걱정할 부모님도 계실 것이다. 그럴 필요가 전혀 없다. 아직 한글 공부를 시작하지 않았다면 그렇게 하면 되고, 이미 그렇게 했다면 지금부터 또 하면 된다. 공부의 내적 동기를 심어주는 일은 언제, 어느 나이에서나 가능한데, 이는 성인이 되어서도 내적 동기만 있다면 어떤 일이든지 해내는 성공 사례들로 증명된다. 늦지 않았다. 오늘부터 아이가 받아온 점수를 있는 그대로 기뻐하면 된다. 60점 받아온 아이를 90점 받게 하는 방법은 좋은 학원, 좋은 문제집을 찾아주는 것이 아니다. 속이 시꺼멓게 타들어가지만 "60점이나 받았다니 대단하다." 하고 칭찬해주고 "그럼 다음에는 70점 받아보자!"라고 말하면 된다.

종이접기 잘하는 아이가
국어도 잘한다
- 문해력

아이들에게는 여러 가지 지시사항을 한 번에 할 수 없다. 특히 1학년은 여러 가지를 한 번에 안내하면 절대 안 된다. 가령 색종이를 반으로 접어 오른쪽을 손톱 너비만큼 가위로 잘라내야 한다면, 이것을 여러 단계에 걸쳐서 안내해야 한다.

"자, 색종이를 한 장만 꺼내세요. 다 꺼냈나요?"

30명이 모두 다 꺼냈는지 확인한다. 5분이 걸린다.

"네모 모양으로 반을 접어야 해요. 선생님을 잘 보고 접어보세요."

이 또한 다 접었는지 확인해야 한다. 30초면 끝날 것 같지만 5분 걸린다.

"가위를 꺼내세요."

미리 준비하라고 했지만, 모두가 절대 미리 준비하는 상황은 일어나지 않는다.

"자, 오른손을 들어봅시다. 왼손 아니고 오른손이에요. 오른쪽을 우리 친구들 손톱만큼만 자르는 거예요."

"선생님. 왼쪽이에요? 오른쪽이에요?"

"오른쪽이지요. 오, 른, 쪽이에요. 다 같이 따라 해보자. 오, 른, 쪽!"

"오, 른, 쪽!"

"선생님, 잘못 잘랐어요. 가운데를 잘랐어요."

"선생님, 왼쪽 잘라요?"

"자, 얘들아. 선생님 보세요. 우리 어디 잘라야 하지요?"

"오른쪽이요!"

"네, 잘했어요. 이제 모두 오른쪽을 친구들 손톱만큼만 자르는 거예요. 선생님이 한 번 더 보여줄게요. 선생님처럼 해보세요. 자, 다 했나요?"

"선생님!"

"네, 선생님이 도와줄까요?"

"그런데 왼쪽 잘라요? 오른쪽 잘라요?"

"선생님! 그런데 화장실 가고 싶어요. 휴지로 잘 못 닦는데 선생님이랑 같이 가면 안 돼요?"

나머지 29명의 종이접기를 잠시 중단한 뒤에 화장실에 함께 가야 하는 1학년 담임을 오랫동안 하고 나니, 아이가 입학할 때 무엇을 준비해야 하는지가 명확해졌다. 내가 첫째의 빠른 학교 적응을 위해 열심히 한 것이 딱 2가지가 있었는데, 한글과 수학이 아니라 줄넘기와 종이접기다. 선배 선생님의 말씀은 때로는 과학 문제집의 해답지 같을 때가 많은데, 이해는 안 되지만 일단 외워두면 틀릴 일이 없다.

"종이접기를 잘하는 애가 공부도 잘해." 신규 교사 시절에 만난 1학년 부장 선생님께서 하신 말씀이다. 아이가 돌이 되었을 무렵부터 나는 심심할 때마다 아이를 데리고 문방구에 가서 색종이를 사와 접었다. 공부를 잘하는 아이로 키우고 싶은 욕심으로 말이다.

종이접기를 잘하는 것과 공부 사이에 도대체 무슨 관련이 있는 걸까? 공부를 잘하는 아이들이 종이접기도 잘한다고 하니 소근육 발달과 관계가 있나 싶을 텐데, 틀린 말은 아니다. 손을 많이 쓰는 것이 뇌 발달과 관계가 있다는 것은 많이 들어보았을 것이다. 양손을 움직이고, 섬세한 작업을 통해서 소근육 발달이 이루지는 것도 맞지만, 학교에서 바라본 종이접기는 문해력과 관련이 깊다.

문해력이라는 말이 대중적으로 쓰이기 시작한 것은 얼마 되지 않는다. 하지만 이름만 바뀌었을 뿐이지 "국어 잘하는 아이가 공부를 잘한다.", "국어를 잘해야 수학도 잘한다."라는 말로 모두에게 알려져 있었다. 국어라는 과목에서 벗어나 문해력이라는 말로 바뀌었을 뿐, 공부에서 늘 중요하게 생각해왔던 부분이기도 하다. 학습에서 기본이 되는 능력이 바로 문해력이다. 예전에는 이 문해력이 단순히 글을 읽고 이해하는 능력이었다면 이제는 더 나아가 읽고, 이해한 내용을 자신의 말로 풀어낼 수 있는 능력까지를 말한다. 국어에서는 "왜 그렇게 생각했는지 이유를 쓰시오.", 수학에서는 "풀이 과정을 쓰시오."와 같은 형태로 문제가 제시되는데, 과학과 사회, 영어, 도덕 모든 과목에서 이런 형태로 출제된다. 이것이 수행평가가 된다.

수학적 문해력까지 함께 잡자!

다시 종이접기 이야기로 돌아와 종이접기 책을 한번 자세히 들여다보자. 실제 아이들을 위한 종이접기 책에 나와 있는 문장이다.

"반으로 접었다 펴요."
"가위로 선을 따라 오려요."
"자른 부분을 위로 접어 올려서 통로를 만들어요."
"양쪽 날개를 편 뒤, 그림처럼 각각 3.5cm 지점에 표시해요."

무슨 말을 하는지 이해하기 위해서 몇 번이고 읽어보아야 한다. 게다가 설명을 그림과 매칭시켜 연결해보아야 하고, 순서에 따라 접어야 한다. 평면으로 된 그림을 입체로 생각해야 하고, 이걸 실제 종이접기로 구현해야 하며, 이해가 안 되면 천천히 꼼꼼하게 여러 번 반복해서 읽어야 한다.

문해력이란 결국 글을 읽고 이해하는 능력이다. 이런 측면에서 볼 때, 종이접기 책은 단순한 놀이책이 아니다. 독해 문제집보다 훨씬 재미있고, 시키지 않아도 자발적으로 읽으며, 심지어는 아이가 스스로 읽고 파악한 내용을 종이로 직접 접어서 확인까지 시켜준다. 평면을 입체화하고, 글을 시각화하여 이해하고, 종이로 접어 나타내는 복잡하고도 다양한 활동이 집약된 '가성비 갑'의 활동이다. 무슨 말인지 이해하고, 실제로 종이를 접어 표현해야 하는 이 과정은 문해력을 키우는 데 좋다.

따라서 종이접기를 잘한다는 말은 그만큼 문해력이 있다는 뜻이다. 요즘은 유튜브에서 종이접기 동영상을 많이 찾아볼 수 있지만, '문해력을 키우는 종이접기'는 종이접기 책을 읽고 스스로 생각하는 과정을 말한다. 그래서 종이접기를 잘하는 아이가 국어 공부도 잘한다. 종이접기는 연습하면 는다. 비슷한 문장이 계속 반복되고, 읽으면서 눈으로 확인하는 과정을 계속 거치기 때문에 문해력이 늘 수밖에 없다. 그런데 이렇게 말하면 또다시 종이접기 학원을 생각하는 부모님들이 계신다.

누가 가르쳐주는 공부는 아무런 도움이 되지 않는다. 종이접기를 잘하는 아이로 키우라는 말이 아니다. 종이접기 책을 보고, 스스로 그 뜻을 알려고 노력하는 과정이 아이에게 도움이 되는 것이다. 읽고도 이해가 안 돼서 몇 번이고 접고, 다시 접고 반복하는 과정에서 아이의 생각 주머니가 커진다. 하다가 안 되면 짜증도 내고 울면서 해결해나가는 과정이 반드시 있어야 한다. 서점에 가서 마음에 드는 종이접기 책을 한 권 구입하고, 색종이 한 상자만 사주면 엄마의 역할은 끝이다.

종이접기는 수학적 문해력에도 도움이 된다. 수학에서의 문해력이란 문장제 문제를 읽고 이해하는 능력인데, 특히 요즘 수학 교과서는 문제의 길이가 길다. 단순히 문제를 푸는 것을 넘어서 문제를 만들어내기도 해야 한다. 수학의 긴 문장을 잘 풀어내기 위해서는 그림으로 그려서 표현할 줄 알아야 하는데, 문장을 기호로 만들어 그림으로 시각화하는 과정을 거쳐야 한다. 종이접기 책에서는 기호와 짧은 문장을 사용하여 종이접기의 과정을 설명한다. 수학 문제 풀이 과정에 이런 기호들이 많은 도움이 된다. 자세한 학습법은 160쪽을 참고하자.

문해력이라는 단어로 새롭게 나타난 이 능력을 키워주기 위해서 또다시 엄마들의 고민이 시작되었다. 하지만 학교에서는 수십 년 전부터 강조해왔던 능력이기도 하다. '책 읽기'가 문해력이다. 스마트폰으로 카드 뉴스나 짧은 글 형식에 익숙해져 긴 글을 읽지 못하는 어른들도 많아졌기에 강조되는 능력이다. 어렵게 생각하지 않았으면 좋겠다. 이걸 키우기 위해서 다녀야 할 학원이 한 군데 더 늘어나지 않았으면 한다.

문해력을 키워주는 간단하고도 쉬운 방법이 있다. 우리 아이들은 여전히 그림책을 읽어주면 좋아한다. 그러니 걱정하지 말자. 우리 아이들에게는 이미 문해력이 있으니 말이다. 어렵게 키워줘야 하는 능력이 아니므로 2장에서 쉽고 간단한 방법을 더 소개하겠다.

1학년에 구구단 모르는 아이가
나중에 수학 잘한다
- 메타인지

"연산을 시켜야 해. 사고력 수학도 같이 하고. 둘 중에 선택하라면 연산이 일단 먼저야. 빨리빨리 계산하게 해야 속도가 늘어."

"우리 애는 덧셈, 뺄셈도 아직 느린데 내가 아는 집 둘째는 6세인데 벌써 구구단을 외운다네. 어떻게 그렇게 키우는지 몰라."

유치원, 저학년 아이를 키우다 보니 또래 엄마들과 공부에 관한 이야기를 나눌 때가 많다. 그런데 수학에 대한 2가지 오해가 있었다. 그것은 오해라고 말하기가 무색할 정도로 단단하게 굳어버려서 가끔은 나도 그냥 고개를 끄덕이다 올 때도 많다.

첫 번째 오해는 덧셈, 뺄셈을 정확하게 푸는 연습을 시켜야 한다는 것이다. 초시계를 가져다 놓고 얼마나 빨리 문제집을 푸는지 체크하고, 틀리면 왜 틀리냐고 실수도 실력이라며 기계적으로 연습을 시켜서 덧셈, 뺄셈의 달인이 되게 한다.

두 번째 오해는 구구단 외우기다. 다른 집 아이가 곱셈 연산 문제집을 푸는 모습을 보니 우리 아이는 벌써 늦은 것 같다. 급한 마음에 구구단 노래라도 틀어서 외우게 하고, 연산 문제집으로 구구단을 정확하게 외우고 있는지 확인한다. 심지어는 1학년인데도 구구단을 줄줄 외우는 아이가 있다. 공부를 잘하는 아이처럼 보인다. 1학년에 곱셈 문제를 풀고 있으니 얼마나 대단해 보이나 싶고, 우리 아이만 늦은 것 같지만 그렇지 않다.

요즘 메타인지라는 말이 많이 들린다. 문해력과 함께 교육계의 큰 키워드다. 앞서 문해력이 어딘가에서 배워서 키워지는 것이 아니라고 했듯, 메타인지도 배워서 키워지는 것이 아니다. 엄마가 의도적으로 게을러지면 생기는 것이 메타인지다. 그냥 생겨나는 것이 아니라 자기 조절력과 내적 동기, 문해력을 바탕으로 할 때 생겨나는데, 자기 조절력, 내적 동기, 문해력 모두 혼자서 스스로 알아나가야 하는 과정이므로 메타인지도 결국 스스로 깨우쳐야 한다.

메타인지 학습법, 메타인지가 자라는 학습지라는 것은 없다. 어딘가에 가서 배워야 하는 것이 아니기 때문이다. 메타인지는 쉽게 말해 모르는 것을 모른다고 알고, 아는 것을 안다고 아는 것이다. 정말 간단하다. 모르는 걸 모르니 알려고 하는 뇌의 활동, 아는 것을 알고 있으니 누군가에게 가르쳐줄 수 있는 뇌의 활동이다. 문해력이 새롭게 생겨난 것이 아니듯 메타인지도 아주 옛날부터 있었다. 다만 이름이 멋지게 바뀌어 다시 나왔을 뿐이다.

메타인지를 좀 더 쉽게 설명하자면 배우는 것이 아니라 스스로 익히는 것을 말한다. 우리는 자꾸 공부를 가르쳐주고 싶어 한다. 지식을 가르치고 방법을 알려주어 따라 하게 하고, 틀리지 않게 연습시키는 것을 우리는 공부라고 불렀다. 그러나 공부는 스스로 모르는 것을 줄여나가는 것을 말한다. 모르는 것을 줄여나가려면 모르는 것이 무엇인지를 알아야 한다.

공부는 지식을 아는 것이 아니다. 학교 다닐 때 배운 과학 지식은 남은 것이 없다. 지식을 잘 기억하는 것은 단순히 기억력이고, 공부는 지식을 알아가는 과정을 말한다. 지식을 얻기 위해 터득한 지식 습득의 방법이 바로 공부인 것이다. 아이들에게 가르쳐야 할 것은 지식이 아니라 **지식을 터득하는** 방법이다. 이를 메타인지라고 생각하면 쉽다.

구구단을 외우면 구구단이 만들어지기까지의 원리를 파악할 필요가 없다. 학교에서 선생님이 구구단의 원리를 아무리 설명해도 듣지 않는다. 왜냐하면 이미 구구단을 안다고 생각하기 때문이다. 수학에서 기호는 긴 문장을 간단하게 표현하는 수단에 불과하다. 기호를 먼저 알아버리면 그 기호의 숨은 뜻을 알려고 하지 않는다. 구구단을 몰라야 곱셈이 가진 의미를 파악하려고 하고, 심화 문제에서 곱셈을 활용할 수 있다. 기초 문제는 구구단을 외우면 풀 수 있지만, 심화 문제는 구구단을 외워서는 풀지 못한다.

절대로 가르쳐주지 말자

'2+2+2+2+2+2'는 곱셈을 사용해 간단하게 '2×6'으로 나타낸다. 곱셈의 의미를 긴 문장 속에서 찾아내어 덧셈식 혹은 곱셈식으로 나타내고, 이를 좀 더 빨리 계산하기 위해서 구구단을 활용하는 것이다. 그런데 보통은 거꾸로 가고 있다. 그래서 구구단을 먼저 외운 아이들은 심화 문제를 잘 풀지 못한다.

학교에서는 평균 수준의 문제로 단원평가를 보기 때문에, 구구단을 외운 아이들이 점수를 잘 받는 것처럼 보인다. 하지만 심화 문제를 낼 때는 구구단을 몰라도, 그 원리를 아는 아이들은 문제를 풀어낸다. 스스로 알아내는 과정, 즉 메타인지가 필요한 것이다. 이것을 반복하다 보면 구구단은 자연스럽게 스스로 알게 된다. "9 곱하기 9는?" 하고 질문했을 때, 81이 자동으로 나오는 것이 아니라 '9를 10으로 어림한 다음, 10을 아홉 번 더하고 나머지 9를 빼면 81이네.' 이런 과정이 머릿속으로 그려져야 한다. 이것이 구구단이다.

수학뿐만이 아니다. 모든 공부에서는 메타인지가 필요하다. 국어도, 과학도, 음악도, 체육도 모든 '공부'라고 불리는 것에는 메타인지가 필요하다. 메타인지는 지식을 바로 알려주지 않았을 때 생겨나는 것이므로 엄마가 뭔가를 자꾸 가르쳐주지 말자. 지식과 방법을 가르쳐주고, 배우게 하고, 암기하게 하지 말자. 아이가 혼자서 찾아내고, 알아내고, 머리를 쥐어짜고, 울고불고, 짜증을 내야 생겨난다. 응원하며 바라봐주자. 메타인지가 자라는 과정이다.

성공 경험을 키우는
'프렙 스테이션'

"선생님! 이렇게 해도 되나요?"

학교에서 아이들이 가장 많이 하는 질문 중에 하나다. 심지어 1학년은 하나에서부터 열까지 다 물어본다. 후식으로 나온 주스를 먹어도 되는지, 왼손잡이 아이는 연필을 왼손으로 잡아도 되는지까지 물어본다. 아이들은 스스로 생각하고 결정하는 일에 어려움을 많이 느끼는데, 아직 경험이 부족하기 때문이다.

자기 주도적 생활 태도는 스스로 할 일을 스스로 결정하는 것인데, 이는 어려서부터 길러져야 한다. 선택을 존중받고 인정받는 경험으로부터 이런 태도가 길러진다. 그런데 우리는 어린아이였을 때부터 늘 부모님의 선택으로 자라왔다. 위험하니까, 다치니까, 또 엄마 말씀을 잘 들어야 하니까 등등 수많은 이유로 그랬다.

아이들이 어렸을 때가 생각난다. "나 이 숟가락 말고 토끼 숟가락!", "엄마, 나는 오늘 젓가락 말고 포크로 먹을래요." 힘들게 밥상을 차려놓으면 앉자마자 수저부터 바꿔달라고 했다. 어느 날은 분홍색, 어느 날은 보라색으로 먹겠단다. 어느 날은 유리컵에, 어느 날은 플라스틱 컵에 물을 따라 달라고 하니 까다로운 요구사항을 다 맞춰줄 길이 없었다.

직접 가지고 오라고 하려니 수저를 넣어두는 서랍에는 칼과 주방 가위를 함께 보관해서 아이가 만지기에 위험했다. 원하는 수서를 고르기 위해 아이가 까치발을 들어도 잘 안 보인다. 그래서 잔소리를 곁들여서 직접 꺼내주었다. "그냥 엄마가 주는 수저로 먹으면 좋잖아." 이런 일상은 늘 반복되었다. 그러다 이 잔소리를 끝내보겠다고 만든 것이 프렙 스테이션Prep Station이다.

프렙 스테이션은 '준비하는 공간'이라는 뜻이다. 외국에서는 몬테소리 교육에서 사용하고 있다. 컵과 앞접시, 수저와 포크, 생수와 보리차, 유리컵과 플라스틱 컵, 그리고 흘리면 닦고 버릴 수 있도록 휴지와 쓰레기통을 둔다. 아이들의 까다로운 요구를 모두 만족시키는 공간이다. 이것을 만들고 나서부터 아이들과의 전쟁은 아름답게 끝났다. 식사를 준비하는 과정에도 당연히 아이들이 참여하게 되었다. 식사 준비와 테이블 세팅, 그리고 마무리까지 중간중간 필요한 물이나 휴지들을 엄마

이동식 선반에 아이들이 직접 필요한 물건을 꺼내도록 만든 프렙 스테이션.

에게 달라고 하지 않는다. 초등기뿐만 아니라 유아기에도 충분히 활용할 수 있다.

아이들에게 성공하는 경험을 많이 심어주자. 이는 어려운 일이 아니다. 거창하게 무언가를 해내는 것이 성공 경험이 아니다. 내가 한 선택을 실행하고, 인정받고, 존중받는 경험이 성공 경험이다. 성공하려면 실패해봐야 한다. 이런 방법도 써보고, 저런 방법도 해보며 실패하다 결국 성공하게 된다.

"그러니까 조심하라고 했지! 나와! 닦게!" 아이에게 화내지 말자. 물을 쏟으면 프렙 스테이션에서 휴지를 가져와 직접 닦고 휴지통에 버리면 그만이다. 흘린 것은 닦고, 지저분한 것은 치우면 된다. 그것을 엄마가 하려니 화가 나는 것이지, 아이가 스스로 하면 화가 나지 않는다. 아이는 실수하면 혼나는 것이 아니라 해결하면 된다는 것을 배운다.

아이에게 경험할 기회를 많이 주자. 하물며 마트에서 치약 하나 고르는 일마저 아이가 할 수 있게 해주자. 서점에서 읽을 책도 스스로 고르게 하고, 옷도 스스로 고르고, 함께 요리도 하고, 청소도 하자. 아이들이 작은 성공 경험을 느낄 수 있는 일들이 주변에 너무나도 많다. 꼭 공부와 관련된 경험이 아니어도 좋다. 작은 성공 경험들을 쌓아, 공부에서 스스로 성공을 경험할 수 있게 도우면 된다.

아이가 손으로 할 수 있는 일을 계속 주자. 성공 경험과 더불어 소근육 발달에도 도움이 된다. 글씨를 잘 쓰는 아이들이 공부를 잘하고, 공부를 잘하는 아이들이 글씨를 잘 쓴다. 닭이 먼저냐 달걀이 먼저냐의 문제인데, 나는 글씨를 잘 쓰기 때문에 공부를 잘하는 것이라고 생각한다. 뇌가 발달하는 것이 손과 관련 있다는 이야기를 많이 들어보았을 것이다. 소근육이 잘 발달했기 때문에 뇌 발달도 좋은 것이고, 그것은 공부를 잘하는 것으로 이어진다.

글씨를 예쁘게 쓰게 하려면, 글씨를 많이 쓰게 할 것이 아니라 손으로 하는 조작 활동을 많이 하게 해야 한다. 손의 다양한 근육을 발달시켜 연필을 잡을 때 다양한 근육을 쓸 수 있게 해야 글씨가 예쁘고 쓰기가 편해진다. 글씨만 계속 쓰게 한다고 해서 글씨가 예뻐지지 않는다. 손의 전체적인 대근육과 소근육이 잘 발달해야 섬세한 작업이 가능하다.

소근육을 발달시키기 위해 아이가 스스로 만져보고, 직접 해보고, 만들어보고, 생활 속에서 손을 많이 쓸 수 있게 해주자. 아이가 집에서 무언가를 하려고 할 때 위험한 것이 아니라면 스스로 하게 두어야 한다. 청소도, 빨래도, 설거지도, 어설프고 더 어지럽히는 것 같지만 해봐야 는다. 집에서 아이들에게 많은 경험을 시켜주면 좋겠다. 모든 것을 다 해주는 엄마는 좋은 엄마가 아니다.

올바른 정서는 아이가 스스로 옳은 선택을 하고, 혼자서 해결할 수 있다는 엄마의 믿음에서 시작한다. 엄마는 선을 그어주고 기준을 세워주기만 하면 된다. 프렙 스테이션은 예로 든 하나의 방법일 뿐이다. 아이가 할 수 있는 다양한 경험들을 스스로 선택하고 실행할 수 있도록 작은 것부터 실천해보자.

2장

4-7세 스스로 공부하는
아이로 키우는
자발적 방관육아

"내가 할래!"

모든 것을 제 손으로 하고 싶어 하는 아이들이 걸리는 '내가 내가 병'은 아이가 이유식을 시작하면서부터 발병되어 4세쯤 정점에 오르고 7세에는 사그라들기 시작한다. 문제는 이 기간에 병을 잘 다스리지 않으면 초등기에 접어들어 '엄마가 해줘 병'으로 발전한다.

심리학자 에릭 에릭슨Eric Erikson이 인간은 8단계의 발달 단계를 거치며 성장한다고 했는데, 이 중 2단계인 '자율성 대 수치와 회의', 3단계인 '주도성 대 죄의식' 단계가 유아기에 속한다. 자율성과 주도성이라는 말에서 우리 아이의 모습이 떠오를 것이다. 쉽게 말하면 '내가 내가 병'이다. 문제는 이때 자율성과 주도성을 제대로 발달시키지 못하면 수치감와 회의감을 느끼고 죄의식을 느낀다. 이 시기가 아니면 이러한 성향을 발달시키기가 어렵다는 것이다.

'나는 혼자서는 못하는 사람이구나.'
'나는 늘 실패만 하는구나.'
'내가 혼자 하는 행동은 엄마에게 혼나는 일이구나.'

아이가 자율성과 주도성을 발달시켜야 할 시기에 엄마가 하지 못하도록 막아놓고, 초등학교에 가서 혼자 공부하기를 바라는 것은 욕심이다. 제대로 발달하지 못한 자율성과 주도성은 초등 학령기를 지나 성인이 되어서도 결핍으로 나타나 아이들의 성장에 계속 영향을 주게 된다. 쉽게 말하면 놔둬야 한다. "내가 할게."라고 할 때 "그래, 네가 해라."라고 답하면 아이는 건강하게 발달한다는 것이다. 발달이 제대로 되지 않더라도 아이는 성장하면서 4단계인 '근면과 열등감'에 접어들게 되는데, 자율성과 주도성은 유아기에만 발달하는 것이므로 나중에는 발달시키기가 어렵다(물론 전혀 안 된다는 것은 아니다).

공부를 잘하는 아이로 키우고 싶다면 이 시기를 잘 활용해야 한다. 특히 4~7세에는 아이가 할 수 있는 일이 많고, 신체도 어느 정도 발달된 상태여서 요리, 운동, 창의력을 더하는 만들기가 가능해진다. 4~7세가 되면 엄마들이 문화센터와 각종 학원을 알아보기 시작하는데, 초등기에 접어들어 시작해도 늦지 않다. 이때는 누군가의 제약 없이 스스로 할 수 있는 활동을, 충분한 시간을 가지고 끝까지 해내는 경험을 많이 해야 한다. 공부 잘하는 아이로 키우기 위해 학원과 과외, 방문 학습지, 영어유치원을 찾을 일이 아니다. 자율성과 주도성을 키우는 데 집중하면, 아이의 학습 능력은 엄마의 도움 없이도 잘 발달하게 된다.

에릭슨에 따르면 4단계인 '근면과 열등감'은 학교와 또래 집단 그리고 사회에서 발달하는 것이므로 엄마의 역할은 그 전까지가 가장 중요하다. 자율성과 주도성의 핵심은 엄마의 자발적 방관이다. 무엇을 시키지 말고 그냥 두자. 집을 뒤집어놓는 일, 빨래를 엉망으로 개는 일, 이상한 글자를 만들어내는 것, 서랍을 뒤지는 일, 요리를 함께하며 부엌을 엉망으로 만드는 일도 말이다. 사고를 쳐야 한다. 그래야 자란다. 그래야 공부를 잘하게 된다. 뒤집어진 속만큼 아이의 주도성과 자율성이 자란다. 아이들이 귀여운 사고를 치는 것도 한때다.

집 안 치워도
괜찮아요

"저 이거 더러워지면 엄마한테 죽어요!"

1교시부터 4교시까지 국어, 영어, 수학, 과학 이렇게 주요 과목만 배우다 보니 아이들이 지쳐 보일 때가 있다. 점심시간에 데리고 나가 신나게 모래 놀이라도 하려고 하면 아이들이 옷이 더러워질까 마음껏 놀지를 못한다. "아니야, 괜찮아. 엄마가 이해해주실 거야. 선생님이 말해줄까?"라고 물어도 아이들은 그늘 밑에 앉아 있는다. 한 아이는 정신없이 물을 퍼다가 모래 놀이를 마치고, 집에 가려니 엄마 생각이 났나 보다. 바닥에 철퍼덕 앉아서 이걸 어쩌냐고 걱정한다. 집에 가면 혼날까 봐 무섭다고 엉엉 우는 아이도 있다. 학교에서 아이들을 보면서 우리 아이가 학교에 가면 어떤 모습일까 생각하게 된다. 엄마로서 나를 돌아보게 된다.

청소하고 나니 집이 다시 더러워지는 것이 싫어 아이를 혼냈다. "네가 어지럽힌 거 엄마가 대신 치워줬잖아. 이렇게 더러운 집에서 살 거야?" 치우다가 화가 나니 남편에게 톡 쏘아대고, 치우는 내 옆에서 놀이하는 아이에게 한숨을 푹 쉬었다. 아이는 놀이를 하면서 내 눈치를 보더니 놀이하다 말고 정리를 했다. 아이는 집에서 쉬지를 못했다.

퇴근하고 와서 아이에게 집밥을 잘 해먹이겠다고 욕심부리는 날이 있다. 그 욕심이 "그만 놀고 와서 밥 먹어라."고 하는 잔소리가되고 왜 골고루 안 먹느냐는 훈육이 된다. 밥에 계란프라이 하나 얹고 간장 넣고 비벼주면서 오늘 뭐 했는지, 웃으며 오냐오냐 사랑으로 먹였다면 그게 더 영양식이었을 텐데 말이다. 뒤늦게 후회하는 일은 정말 많다. 한 번은 지인의 결혼식장에 아이들에게 예쁜 옷을 입혀 데리고 갔는데 아이가 밥 먹다가 음식을 옷에 흘리니 화가 났다. 큰마음 먹고 비싸게 주고 산 옷이라 물세탁도 못 하는데 토마토를 흘려놓으니, 아이에게 좋은 말이 안 나왔다. 아이는 마음 편히 먹지를 못했다. 아이를 위한 거라며 했던 일은 다 나를 만족시키기위한 것이었다.

"왜 이런 옷을 입고 나가려고 하니? 사준 옷은 다 어쩌고 꼭 외출하려고만 하면 이러니!" 이렇게 아이와 참 많이 싸웠다. '엄마만 혼자 좋은 옷 입고, 저렇게 꾸미고 나왔네. 애는 저렇게 해서 데리고 나온 거야?'와 같은 시선이 신경 쓰여서 시작된 일이었다. 주변의 시선과 말은 신경 쓰지 않기로 했다. 아이 옷은 아이가 편한 대로 입히기로 했다. 그것이 세탁하기도 쉽다. 좋은 옷은 나나 입기로 했다.

아이들이 좀 더러워져도 되는 옷을 학교에 입고 오면 좋겠다. 학교에 좋은 옷을 입혀 보내지 않으면 아이에게 신경 쓰지 않는 엄마처럼 보일까 걱정되는 마음은 나도 마찬가지다. 이렇게 편한 옷만 입혀 보내면 담임선생님께서 우리 아이를 어떻게 생각할까 걱정돼 신학기가 되면 무리해서라도 좋은 옷을 사 입혀 보내고 싶다. 하지만 선생님들은 아이들이 얼마나 좋은 옷을 입고 왔는지 신경 쓰지 않는다. 활동하기 편한 옷을 입혀 보내주는 부모님들께 오히려 고마움을 느낀다.

미술 시간에 물감이 묻을까 봐 조심하는 아이, 물감이 묻어서 엄마한테 혼날 것 같다고 화장실에서 못 나오는 아이가 있다. 그런가 하면 "괜찮아요. 묻어도 돼요. 엄마가 옷에 묻은 건 지울 수 있다고 했어요."라고 말하는 아이도 있다. 미술 시간이건 체육 시간이건, 자유 놀이 시간이건 옷에 뭐가 묻는 것 정도는 아무렇지 않은 듯, 신발을 벗고 맨발로 운동장을 구르는 아이가 있다. 신나게 놀고 들어와 물 한잔 마시고 또다시 공부에 집중하는 아이가 교실에 있다. 매시간 눈빛이 반짝인다. 놀기도 잘하고 공부도 잘하는 아이다.

공부만 잘하는 아이로 키우고 싶지 않을 것이다. 아이가 마음 편히 지낼 수 있도록 청소도 좀 내려놓고, 아이에게 예쁜 옷 입히려는 욕심도 내려놓고, 다른 사람 시선에서 내려와도 괜찮다.

놀이를 이어가고 싶은 아이들

아이들은 집을 어질러도 아무렇지 않을 것이다. 집 청소는 딱 그때만 치우고 다시 어지르는 것으로 생각하면 마음이 편하다. 그리고 정해진 시간에만 치우자. 설거지가 좀 안 되어 있으면 다음으로 미루면 된다. 그다음 날 아침에 에너지가 생기면 그때 치우자. 밥하기 싫은 날은 밖으로 나가면 된다. 산책하고, 아이가 좋아하는 책 몇 권 사주고, 밖에서 저녁 한 끼 먹이고 돌아오면 된다.

너무 게으른 것 아닌가 걱정하고 있을 엄마들에게 한 가지 더 중요한 사실을 알려주어야겠다. 바로 놀이의 연속성을 위해서라도 치우면 안 된다. 아이들은 집중력이 짧아서 하나의 놀이를 끝까지 이어내기가 어렵다. 그래서 하나의 놀이를 하다가 두 번째 놀이를 만들고, 세 번째 놀이를 만들어낸다. 그러다 그다음 날이면 어제 하던 두 번째 놀이를 이어서 하고, 세 번째 놀이를 이어서 하다가 첫 번째 놀이를 마무리한다. 이렇게 놀이를 이어나가는데, 엄마가 치우면 어떻게 될까?

"내 책상 왜 치웠어!" 하고 화내는 아이들이 많다. 엄마는 화가 난다. "돼지우리같이 해놨는데 어떻게 안 치워!" 그렇지만 아이들이 치우지 않은 데에는 다 그만한 이유가 있다. 마무리하지 못한 것이다. 내일 하려고 남겨두었을지도 모른다. 아이의 옆에 앉아 장난감을 계속 치우는 부모님들이 있는데, 아이가 계속해서 놀이를 이어 나갈 수 있도록 놔두어야 한다. 그리고 언제 치워야 하는지 아이에게 물어보자.

"이거 엄마가 치워도 돼?" 하고 물어보면 된다. 아니면 봉지 하나 손에 쥐여주고 말한다. "여기에 버릴 것을 담아서 버려주면 좋겠어." 아이의 마음을 편안하게 만들어주자. 청소는 그다음이다. 아이들이 모두 떠나가고 부부만 남았을 때 마음껏 청소하면 어떨까?

깨끗하고 정돈된 집도 좋지만, 그보다 아이들이 마음 편히 쉴 수 있는 집이면 좋겠다. 예쁘고 좋은 옷도 좋다. 그렇지만 마음 편히 뛰어놀 수 있는 옷이면 더 좋다. 그렇게 자란 아이들이 학교에 와서도 하고 싶은 공부, 다양한 활동을 마음 놓고 한다. 학교 공부를 하는 데 걸림돌이 없도록 도와주자. 아이들이 옷에 신경 쓰느라 제대로 활동하지 못 하는 모습이 안타깝다. 아이가 옷에 흘리고 묻히는 실수에 "괜찮아."라고 말해주자.

옷을 뒤집어 입고 밖에 나간 적이 있다. 그것도 모르고 아이랑 놀아주고 있는데 옆에 계시던 할머님께서 옷이 뒤집혔다며 한마디 더 하셨다. "그래, 아이 키울 때는 정신 없는 거야. 청소도 안 해야 해! 애 키우는 집이 깨끗하면 이상한 거야!"

스스로 먹게
내버려두세요

첫째가 1학년 1학기를 마치고 온 가족이 프랑스로 가게 되었다. 해외에 파견된 남편을 따라 프랑스살이가 시작된 것이다. 불어를 전혀 못 하는 아이에게 학교가 어떤 곳일지 상상되었지만, 그 또한 아이가 겪고 이겨내야 하는 문제다. 격려하고, 칭찬하고, 품고 안아주는 것이 내 할 일이다. 그런데 프랑스에서 아이의 자기 주도성이 더욱 도드라졌다. 아이에게 자기 주도성이 없었더라면 나는 아이와 함께 울었을지도 모른다.

프랑스의 초등학교는 교문 앞에서부터 철저히 엄마가 들어갈 수 없다(유치원은 교실 앞까지 엄마가 함께할 수 있다). 첫날에는 급식을 먹지 못할 뻔했다는 이야기를 며칠이 지나, 건너서 들었다. 급식실에서 밥을 먹어야 하는 아이가, 운동장에 가만히 서 있는 것을 보고 한국인 지인이 급식실에 데려가 겨우 밥을 먹었다는 이야기에 가슴이 아팠지만, 어쨌든 해결했고 먹었으니 됐다. 학교는 아이가 다니는 곳이다. 아이에게 말했다. "먹었으면 된 거지, 뭐. 이제는 급식실 잘 찾아가." 등교 둘째 날엔 아이가 교실을 헷갈려 운동장에 우두커니 서 있었다고 했다. 어찌했냐 물으니 아무 교실에 들어가서 물었다고 했다. 당황했을 마음이 염려되면서도 씩씩하게 이겨내고 해결한 마음이 기특했다.

둘째가 다니는 국제학교 유치원에서는 선생님이 나서서 도와주시는 것이 없다. 아침 인사하고 아이가 정리하는 것을 바라보기만 하신다. 아이들은 스스로 교실 밖 복도에 있는 화장실에 다녀와야 한다.

"여기는 다 우리가 혼자 해야 해!"

어린이집에 다녀온 막내의 외침 속에 뿌듯함이 느껴진다. 모든 것을 혼자 해야 하지만, 아이의 담임선생님은 아이가 울면 끌어안아 아이를 달래고 기다려준다. 아이는 머리가 산발이 되어 집으로 돌아오고, 화장실 뒤처리는 혼자서 한다. 가방 속에는 먹다 만 물과 간식 통, 아이가 만든 작품이 뒤섞여 있을지언정 아이의 마음속에는 따뜻함과 여유가 담겨온다.

아이들의 이런 모습은 그냥 키워진 것이 아니었다. 뷔페에서 우리 부부가 음식을 뜨러 자리를 이동해도 아이들은 얌전히 앉아 식사했다. 둘째가 돌 때였다. 유튜브, 장난감, 휴대전화나 태블릿PC도 없이 말이다. 아이 주도 이유식으로 식사 예절이 잘 잡혀 있는 아이들 덕분에 어느 식당에서나, 어느 여행지에서나 편안한 시간을 보냈고 지금도 그렇다. 아이들을 위해서 해주는 일이라고는 식탁 아래로 기어들어 가 아이들이 흘린 음식물을 깨끗하게 닦고 정리하는 것뿐이다. 아이 주도 이유식 덕분에 아이들은 기다림을 배웠고, 이 기다림은 식탁 의자에 앉아 음식과 세상을 천천히 탐색하는 경험을 쌓아주었다.

학습에 필요한 모든 역량을 키우다

아이 주도 이유식의 첫 시작은 미음 한 대접이었다(둘째에겐 미안한 이야기지만, 둘째의 첫 이유식은 미음도 아닌 '쌀떡뺑'이었다). 도대체 얼마나 먹는지 알 수 없었고, 흘리는 게 반이었다. 숟가락은 5개를 가져다줬는데도 모두 바닥에 던져졌고, 얼굴은 엉망이었지만 아이는 행복해했다. 이유식을 먹는 시간이라고 생각하지 않았다. 어차피 이유식 한 그릇에는 쌀 조금, 채소 조금, 고기 조금이었으니 영양분이 많지 않을 거라 생각했고, 이 시간은 그저 음식을 먹고 즐기는 과정으로 여기고 부족한 영양분은 분유로 보충해줘야겠다고 생각하니 마음이 한결 편안했다.

　죽 외에는 아이 주도 이유식 레시피가 전혀 없었던 시절이라 스스로 공부하고 찾아갔다. 찐 채소 스틱과 과일, 쌀국수와 소면 등 해줄 수 있는 것은 별로 없었지만 준비하는 과정은 간단했고, 아이는 신나 했으며, 잠시나마 육아에서 해방된 시간이었다. 아이가 먹는 모습을 보고 배울 수 있게 나도 늘 식사 시간에 함께했다.

　첫째의 모습은 아이 주도 이유식의 위대함을 알게 했다. 아이 주도 이유식만으로 학습에 필요한 모든 역량을 기를 수 있었던 것이다. 사실 스스로 집중력 있게 앉아 있는 아이는 누구나 꿈꾸는 내 아이의 모습이지 않은가? 첫째는 어떤 활동을 하던 2시간은 기본이다. 책상에 오래 앉아 있는 딸아이가 걱정되어 누워서 쉬라고 할 정도이다. 둘째도 마찬가지인데, 36개월이 되던 때 언니와 함께 도예 공방에서 1시간씩 그릇 만들기 수업을 세 달 동안 참여하기도 했다. 선생님도 놀랐고, 나도 놀랐다.

　첫째는 밥을 잘 먹는 아이였다. 무엇이든 잘 먹어주었고, 편식도 없었다. 아파도 잘 먹고 약도 잘 먹는 아이였기에 아이 주도 이유식의 과정은 순조로웠다. 그런데 둘째는 아니었다. 둘째의 아이 주도 이유식은 인내심 테스트와도 같았다. 첫째는 돌 때 11kg이었는데, 네 돌을 앞둔 둘째가 13kg이었다. 아직도 먹는 양이 적다. 음식을 뱉으며 먹기 싫다고 반항하고, 입을 꾹 다물고 벌리지 않는 날도 허다했다. 음식이 전혀 입으로 들어가지 않은 날도 있었고, 아이 주도 이유식이라고 준비해놓고 내가 먹여주는 날도 있었다.

그렇지만 포기하지 않았다. 먹이기 위해 시작한 방법이 아니었기 때문이다. 오늘은 안 먹었지만 그다음 날은 먹었고, 어떤 날은 모든 음식이 바닥에 떨어졌지만 어떤 날은 모두 아이 뱃속으로 들어가기도 했다. '이유식을 먹이는 것'에 집중했다면 한 달도 못 가 그만두었을지도 모른다.

5개월 무렵부터 시작된 둘째의 아이 주도 이유식은 결과적으로 성공했다. 아이는 많은 양을 먹지는 않지만, 식사 시간에 함께 참여했고 오랜 시간 자리에 앉아 있었으며, 혼자 먹기도 했다. 이렇게 길러진 습관은 어린이집에서도 좋은 영향으로 나타났다. 막 돌이 지난 둘째는 어린이집에서 40분 동안 한 번도 일어나지 않고 밀가루 반죽 놀이를 해서 선생님들을 놀라게 했다. 친구들이 식사 시간에 일어나 돌아다닐 때 끝까지 앉아 식사를 마치기도 했는데, 이는 잘 먹지 않아도 아이 주도 이유식을 열심히 해온 결과라 생각한다.

적은 양을 먹더라도 자리에 앉아 가족의 식사에 참여하는 것에 아이 주도 이유식의 의의가 있다. 둘째를 통해 아이 주도 이유식은 밥을 많이 먹고 적게 먹고의 문제가 아니라는 것을 깨달았다. 아이마다 식욕도 먹는 양도 다 다르지만 식사 습관을 잡아주고, 그와 더불어 학습에 필요한 능력을 기르는 것이 아이 주도 이유식의 핵심이다.

돌아다니는 아이를 자리에 앉혀 밥을 먹여야 하는 엄마들의 힘

듦을 충분히 이해한다. 스마트폰 영상의 도움을 받아야 하는 이유도 충분히 알고 있다. 나도 가끔은 그런 유혹에 빠질 때가 있었지만, 아이 주도 이유식을 본격적으로 시작하면서부터는 아이의 흥미를 끌 만한 것들의 도움이 필요 없었다. 아이들이 조금 크고 나서부터는 식사를 준비하는 과정에 아이들을 참여시키고 있다. 집에서는 요리를, 그리고 식당에서는 테이블 세팅을 돕게 하는 식이다. 식당에서 아이들과 할 수 있는 간단한 놀이가 많지만, 나처럼 부지런하지 않은 엄마라면 단순히 테이블 세팅을 돕는 것만으로도 아이들에게 큰 즐거움을 줄 수 있다.

03

엄마가 더 속상할까?
아이가 더 아플까?

"엄마는 제가 넘어지면 화를 내요. 넘어져서 아픈 건 전데, 왜 엄마가 화내는지 모르겠어요." 아침 등굣길, 넘어져서 혼나고 온 아이의 말에 나는 무릎을 쳤다. 나도 그렇게 커왔고, 그리고 아이들에게도 그렇게 말하고 있었다. 아픈 건 아이들인데 왜 내가 화냈던 걸까? 아이가 아프니까 속상한 마음이었을 텐데 이것이 다르게 표현되어 제대로 전달되지 못한 듯하다. 괜찮냐고 물어보면 될 것을, 괜히 아이 손을 잡아끌고 "조심했어야지!" 하고 화냈다. 아이는 아프지만, 엄마가 화낼까 봐 아프다는 말도 못 한다. 아이가 다치면 아이가 아프다. 아이들은 엄마의 마음이 아픈 것을 볼 수 없다.

첫째가 4세 때, 친정 언니네서 생떼를 쓰고 울고불고 난리가 났다. 아마 제 마음대로 되지 않은 어떤 일 때문일 텐데 이유가 기억조차 나지 않는 것으로 봐서는 무척 사소했던 모양이다. 그런데 그 울음이 어찌나 긴지 아이를 혼도 내봤다가, 달래주기도 했다가 그만하라고 소리도 질러보고 별짓을 다 했는데도 멈추지 않았다. 답답한 마음에 옆에 있던 7세 조카에게 물었다. "서영아, 이모가 어떻게 해야 하지? 왜 저렇게 울까? 뭐라고 해야 그칠까?"

"다 울고 나면 괜찮은지 물어봐."

아이를 키우는 가장 중요한 핵심을 아이에게서 배웠다. "괜찮아?" 이 한마디가 가진 강력한 힘은 실로 대단해 아이를 혼내지 않고도 떼쓰기를 멈추게 하는 마술 주문과도 같았다. 떼쓰고 우는 아이는 분명 엄마가 무언가를 못 하게 해서 우는 것이거나, 어떤 일이 자기 마음대로 되지 않아 우는 것이다. 그걸 바라보는 엄마는 아이가 말도 안 되는 이유로 울고 있으니 화가 난다. 그렇지만 생각해보아야 한다. 누가 더 속상한가? 아픈 것도 아이이고 못 해서 속상한 쪽도 아이다.

아이가 우는 것은 결국 엄마 말을 듣고, 안 해야지 생각하며 속상한 마음을 스스로 달래기 때문인지도 모른다. 엄마는 엄마 뜻대로 못 하게 했으니, 우는 아이를 가만히 지켜봐주고 울음이 멈추면 괜찮냐고 물어보면 된다. "못 해서 속상하지? 다음에 할 수 있으면 하자."라고 말해주면 된다. 아이를 힘들게 훈육한다고 힘 빼지 말자. 편안하게 앉아 언제쯤 괜찮은지 물어볼까 타이밍만 잘 찾으면 된다. 그리고 안아주면 된다.

아이가 커서도 마찬가지다. 앞으로 하지 말라는 짓을 더 하겠지만 우리 아이들이 착한 것은 그래도 늘 물어본다. "엄마, 해도 돼?" 안 된다고 하면 반응은 한결같다. 왜 안 되느냐고 따져 묻겠지만, 그럴 때도 잠시 기다려주면 어떨까? 다 큰 아이들이 엄마에게 화내는 것은 어린아이가 울며 떼쓰는 것과 같다. 아이가 화낼 때 일일이 반응하며 같이 싸우지 말자. 어차피 엄마 말대로 할 것 아닌가. 못하게 할 거라면 아이의 감정에 같이 에너지를 쏟는 어리석은 일은 피해야 한다. 아이가 화를 다 내고 나면 묻자. "괜찮아?" 옆에 앉아 다른 생각을 하면서 화를 다 낼 때까지 기다려주자.

아이와 감정까지 나빠지는 것을 원치 않을 것이다. 무언가를 시켰는데 짜증을 내면서 하고 있으면, 아이가 하는 것에만 집중하자. 짜증을 내면서라도 아이는 하고 있으니까.

내 편이 되어 달라는 신호

아이들이 싸우고 나면 꼭 어른들은 해결사 역할을 자처한다. 아이들의 싸움에 지나치게 개입하지 말자. 초임 교사 시절에는 아이들이 싸우면 누가 잘못했는지 꼭 시시비비를 가려줬다. 누가 먼저 시작했는지, 누가 더 잘못했는지를 따져서 사과를 시켰다. 그런데 아이들이 원하는 것은 이것이 아니었다.

아이들은 싸우고 선생님에게 와서 이른다. 쉬는 시간이면 아이들 간에 일어나는 크고 작은 민원을 처리하느라 바쁘다. 큰 싸움이야 학부모님께 전화도 드리고 나서서 해결해야 하지만, 작은 투덕거림은 공감만 해줘도 쉽게 해결된다. "아이고. 속상했겠네." 하면 아이들은 자리로 돌아가 아무렇지 않은 듯 또 놀이를 시작한다. 아이들은 착해서 자신 때문에 누군가가 혼나는 것을 원치 않는다. 아이들은 이렇게 말한다. "선생님, 그 애를 혼내지 않아 주셔서 좋아요." 나는 늘 아이들에게서 배운다.

아이들이 싸우고 이르는 이유는 단순히 내 편이 되어 달라는 신호다. 어른들이 할 일은 공감뿐이었는데 어른들은 늘 아이들 싸움을 해결하려 들고, 누가 더 잘못했는지를 따져 물어 일을 크게 만든다. 아이들은 가만히 있었는데 어른들이 그랬던 것이다. 싸움의 당사자였던 아이들은 더는 속상하지 않은데, 엄마들의 싸움으로 번져 정작 아이들 사이가 멀어지기도 한다.

"친구랑 저랑 싸웠거든요? 근데 제가 혼자 해결할 수 있었는데 엄마가 일을 크게 만들었어요."

아이가 집에 와서 친구들과 트러블이 있었다고 말하면 엄마는 정말 속상하다. 내 아이가 받았을 상처가 엄마에게는 더 크게 느껴진다. 하지만 그런 일을 겪은 당사자도 아이고, 그 친구 일로 속상한 것도 아이다. 엄마는 잘 들어주고 공감해주고, 진짜 속상하겠다고 말해주자. 어떻게 해결할지 물어보고 기다리자. 나서서 일을 크게 만들지 말자. 앞서도 말했듯, 아이들은 자신 때문에 누군가가 혼나는 것을 원치 않는다. 내 편이 되어줄 든든한 엄마가 있으면 된다.

"네가 그렇게 하니까 친구가 그러지!", "누구야? 가자. 전화번호 알아내서 와!", "선생님께 엄마가 말해줄게!" 아이들은 오히려 이런 말에 더 상처받는다. 아이들은 그저 공감이 필요하다. 스스로 학교에서 해결할 수 있도록 도와주는 것이 엄마의 역할이다. 엄마가 나서고 나면 결국 남는 것은 아이들 사이의 좋지 않은 감정과 불편함뿐이다. 다시 같이 놀고 싶지만 더는 같이 놀지 못 한다. 친구와 싸워서 속상한 건 아이지, 엄마가 아니다.

형제자매의 싸움을 크게 만드는 것도 항상 엄마나 아빠다. "너희가 이렇게 싸우면 누가 제일 속상할 것 같아? 이렇게 자꾸 싸울 거야?" 하고 혼냈더니 첫째가 이렇게 말했다. "내가 제일 속상하지." 맞다. 아이가 제일 속상하다. 엄마, 아빠가 할 말은 "어머, 동생이 그러면 네가 속상하겠다.", "아이고, 언니가 그러면 당연히 속상하지!" 이것뿐이다. 아이들의 감정에 함께 동요되지 말자. 걱정하는 마음인지, 속상한 마음인지, 미안한 마음인지를 잘 들여다보아야한다. 다양한 감정을 모두 화로 표현해서는 안 된다.

정서적 안정에서 가장 기본은 공감이다. 그리고 그 공감을 바탕으로 아이는 자신의 감정을 스스로 해결할 기회가 있어야 한다. 속상한 아이라면 속상한 마음에 함께 공감하고, 아픈 아이라면 아픔에 공감하고, 화난 아이라면 화나는 마음에 공감하면 된다. 아이의 마음을 애써 엄마가 해결해주려고 하지 말자. 단단한 정서를 만드는 비결은 "괜찮아?"라는 말 한마디에 있다.

04

'싫은 소리' 하며
키워도 괜찮아요

아침에 아이를 혼내고 학교에 보내면 온종일 마음이 쓰인다. 아이들은 어떨까? 아이들은 아침에 오자마자 선생님에게 달려와서 왜 혼났는지 이야기한다. 아이들과 이야기를 나누다 보면, 자기가 잘못한 부분을 충분히 인지하고 있다는 느낌이 든다. 그렇지만 화가 난단다. 엄마가 꼭 그렇게까지 말해야 했는지.

나도 아이를 다그치고 혼내서 재우는 날에는 자는 아이의 손을 붙들고 미안하다고, 아이 얼굴을 보며 쓰린 마음을 쓸어내린다. 게다가 수많은 자녀교육서, 다큐멘터리에서 혼나고 크는 아이는 뇌 발달이 더디다고, 아이는 혼내지 말아야 한다며 수도 없이 말하고 있다. 혼내는 나를 더욱더 자책하게 만든다. 그래서 나 자신에게 더 화난다.

훈육은 아이의 행동 기준을 만들어 올바른 어른으로 성장하게 한다. 해야 할 행동과 하지 말아야 할 행동을 분명하게 알려주어야 한다. 훈육하여 가르쳐야 할 상황에서도 따뜻하고 다정한 엄마이면 안 된다. 그리고 혼낼 때는 화를 담지 않은 '훈육'을 하도록 노력해야 하는데, 혼낸다는 행동 속에 '화'를 포함하기 때문에 늘 아이에게 미안하다. 훈육에 화가 포함되는 것이 매번 반복된다면, 이 부분에서는 엄마도 말 공부를 하는 것이 좋겠다. 화가 날 것 같은 상황에서는 "그만해라." 하고 짧게 말하고 끝내는 것이 좋다.

아빠와 놀던 아이가 신이 났는지 장난이 심해진다. 불쑥 튀어나오는 아빠의 불편한 감정 표현에 아이 표정이 굳는다. 남편의 부정적인 반응 때문에 상처받았을 내 아이가 먼저 걱정되어 "그것 좀 받아 주지 그러냐."며 남편에게 한마디 던지고, 공연히 잘 놀아주던 아빠만 머쓱해진다. 하지만 아이들에게는 이런 과정도 필요하다. 매사 긍정적이고 모든 것을 수용해주는 부모여서도 안 된다.

타인의 감정에 민감하게 반응하고, 상대방과 소통하는 법을 가정에서 배워야 한다. 아이가 엄마를 계속 힘들게 하거나, 괴롭힌다면 싫다는 표현을 해야 아이가 안다. 상대가 어두운 표정을 짓거나 냉담한 반응이 있을 때는 '그만해야겠구나.' 하고 생각해야 한다. 친구들 사이에서 문제가 되는 것은 상대방의 신호를 알아차리지 못하기 때문인데, 집에서는 이 정도의 행동이 모두 허용되었으므로 친구에게도 계속하는 것이다.

친구의 싫어하는 반응에 멈출 줄도 알아야 하지만, 친구 관계에서 싫은 소리도 할 줄 알아야 한다. 이런 아이들이 오히려 건강한 관계를 맺어간다. 착한 아이들이 친구가 많을 것 같지만, 아니다. 톡톡 쏘아붙이고 강한 아이들 옆에는 오히려 친구가 있지만, 착하기만 한 아이들은 오히려 친구가 없어 고민하는 일이 생기기도 한다. 착해서 싫은 소리를 못 하는 아이보다는 자신의 의견을 낼 줄 알고 적당히 싫은 감정도 표현하는 아이가 건강한 교우관계를 유지할 수 있다. 따뜻하기만 해도, 차갑기만 해도 친구 관계를 맺기가 어렵다.

가끔은 친절하게 또 가끔은 불편한 감정도 드러내면서 그렇게 아이들에게 적당한 거리두기의 미학을 가르쳐주자. 화내지 않고 단호한 표정으로 말하면, 아이도 그것을 배우고 친구 관계에서도 그렇게 한다. 화를 담아 감정을 쏟아내지 말고 담백한 말로도 부정적인 감정을 전달할 수 있음을 알려주자. 따뜻한 감정으로 품어주기도 해야 하지만, 갈등 관계와 상처받는 상황에서 자신의 목소리를 내고 극복하는 방법도 알려주어야 한다.

친구가 있으니까 친구와 싸운다

아이가 친구와 싸우고 오면 속상하다. 하지만 아이들의 소소한 감정싸움이라면 '건강하게 잘 자라고 있구나.', '친구와 잘 지내고 있구나.' 하고 생각하면 된다. 같이 어울려 놀기 때문에 싸우기도 하고 속상한 일도 생기는 것이다. 친구가 없다면 그런 일도 일어나지 않는다. 집에서도 밖에서도 다양한 감정을 느끼고 갈등 상황에서 지혜롭게 해결하는 경험도 필요하다. 밖에 나가서 친구들과 놀이할 때 상처도 받고 울기도 하고 그것을 극복할 수 있도록 씩씩하게 키워주자. 아이가 친구들과 잘 어울리지 못하고 울면서 들어오는 날에는 마음이 대단히 아프지만, 이 또한 아이가 스스로 해결할 수 있도록 돕는 것이 부모의 역할이다.

아이에게 화를 담아 훈육했다면 곧바로 사과하자. 큰 잘못이 아니었는데 감정을 담아 혼내고 있다는 것을 깨달은 순간 이야기하자.

"엄마가 그렇게까지 말할 일은 아니었는데, 감정을 담아 말해서 미안해. 앞으로는 화내지 않고 말할게."

"엄마가 자주 이야기했던 부분인데, 자꾸 같은 일이 반복되니까 화가 났어. 화내면서 가르쳐서 미안해. 그런데 너한테 화가 난 것은 아니고, 엄마가 너에게 혼자 기대해서 네가 당연히 알아야 한다고 생각했어. 너는 아직 못 하는 게 맞는데 엄마가 혼자 화났어. 미안해. 다음에는 더 노력해볼게. 만약에 엄마가 또 화내면서 가르친다면 화내지 말고 가르쳐달라고 이야기해줘."

내 아이가 밖에서 자신을 지키기 위해서 적당히 싫은 소리를 해야 하지만, 그런 표현을 너무 과하게 한다고 생각하면 엄마, 아빠가 아이에게 건네는 표현의 강도를 조금 낮춰보자. 아이들이 커서 건강한 사회생활을 유지하기 위해서는 다른 사람의 표정, 말투, 감정을 읽어내는 데 민감해야 한다. 아이들과 희로애락을 함께 느끼자. 좋은 감정만 나눌 수는 없다.

05

'이것' 하나면 잔소리가 반으로 줄어듭니다

"저는 생각하는 시간이 길어요. 기다려주시면 좋겠어요."

학기 초 아이들에게 선생님께 하고 싶은 말을 적어보라고 했다. 가장 기억에 남는 아이를 꼽으라면 바로 이 아이다. 아이의 말 한마디에 나는 이 세상의 모든 아이를 이해하게 되었다. 그리고 나의 아이들도 말이다. 아이들은 생각하는 시간이 길어 어른처럼 빨리 대답할 수 없고, 빨리 행동하지 못한다는 것을 알았다.

아이들과 그림책 수업을 많이 한다. 그중 아이들에게 가장 인기 있는 수업 소재는 엄마의 잔소리다. 엄마의 잔소리가 가득한 그림책을 읽어주면 아이들은 통쾌해하고, 공감하고, 웃음을 터트린다.

아이들에게 엄마가 하는 잔소리를 적어보라고 하면, 생각하는 시간이 길다는 그 아이도 얼마나 순식간에 써내려가는지, 아이들이 써내는 엄마의 잔소리는 비슷비슷하다. 엄마들의 잔소리는 시대를 막론하고 다 똑같다. 아이들이 제일 싫어하는 말이다. "빨리 해라."

"아침에도 매일 빨리하라고 해요. 하고 있는데 계속 더 빨리하라고 해요."

엄마들도 옛날에는 느긋한 편이었을 것이다. 매일 친정 엄마로부터 "빨리빨리 좀 해라." 잔소리를 듣고 살았을 것이다. 나도 밥을 그렇게 빨리 먹는 편이 아니어서, 어릴 때는 엄마가 밥과 반찬을 몇 가지만 놔두고 설거지하는 일이 허다했다. 끼니마다 그랬던 것 같다. 밥을 늦게 먹어서 친구들과 속도를 맞추려 늘 다 먹지 못했다. 그렇게 밥 먹는 게 느렸던 내가 아이들에게 빨리 밥 먹으라고 외친다. 심지어 이제는 5분도 안 걸려 밥 한 공기를 마실 수 있다.

아이를 키우다 보니 빨라졌다. 언제 잘 수 있을지 모르기 때문에 자둬야 했고, 언제 먹을 수 있을지 모르니 아이가 허락하는 시간에 빨리 먹어야 했다. 느긋하게 먹다가는 아이가 기다려주지 않으므로 마시다시피 했다. 아기 띠를 매고서 미역국에 밥 말아 5분 만에 마시는 습관이 들어 나는 빨리 먹는 사람이 됐다. 아이가 잘 때 할 수 있는 일을 모두 해야 했다. 청소도, 빨래도, 쉬는 것도 말이다.

학교 가야 하는 아이가 아침에 꾸물거리고 멍하게 앉아 있는 모습에 울화통이 터진다. 그러다 지각한다고 아무리 말해도 아이는 천하태평인데, 사실 아이가 학교에 빨리 갔으면 하는 이유는 첫째는 물론 지각이 걱정되어서지만 실은 또 다른 이유가 있다. 아이가 나가야 집 청소를 시작하고, 내 시간을 가질 수 있기 때문이다. 휘모리장단으로 몰아치듯이 아이를 학교 앞까지 데리고 가면 아이가 버거워했다. 들어가는 뒷모습이 짠하고 미안하니 갑자기 최선을 다해 다정하게 외쳐본다. "잘 다녀와! 사랑해!"

재촉하는 순간이 역전되는 날이 있다. 장거리 여행에서다. 30분이 넘어가는 순간부터 아이는 계속 묻는다. "언제 도착해?" 5분 간격으로 언제 도착하냐고 물어댄다. 계속 대답해주는 것도 지친다. "거의 다 왔어." 아이가 더 어릴 때는 아빠가 여기만 넘어가면 도착한다고 스무 번은 말해야 도착했던 것 같다. 도착하기도 전에 아이들과의 전쟁에서 이미 지친다.

시간의 흐름을 느껴야 움직이는 아이들

공부도 좀 진득하게 했으면 좋겠다. 딱 30분만 앉아서 해줬으면 싶다. 아이들은 10분 하고 "다 했다.", 20분 하고 "다 했어요. 언제까지 해야 해요?"라고 묻는다. 엄마는 속이 터진다. 다른 잔소리는 못 줄이지만, '시간'에 있어서만큼은 잔소리를 줄여줄 물건이 있다. 바로 타이머다. 째깍째깍 초침으로 아이들을 긴장시키는 타이머가 아니다. '구글 타이머'라는 것이 있다. 30분을 맞추면 30분만큼 빨간색 면적이 점점 줄어들면서 시간이 되었을 때 알람이 울린다.

학교에서도 이 타이머는 엄청난 능력을 발휘한다. 아이들은 수업 시간 40분을 넘겨 수업하는 것을 굉장히 힘들어한다. 타이머로 40분을 딱 맞춰두면 아이들이 군말 없이 수업 시간에 집중한다. 아침 시간에 책을 읽자고 했다. 몇 분이면 부담 없이 책을 읽겠냐 물었더니, 10분은 너무 짧고 30분은 너무 길어 20분이 적당한 것 같다고 하기에, 타이머를 20분으로 맞춰두고 "시작!" 한마디를 외친다. 아이들이 쥐 죽은 듯 조용히 책을 읽는다. 20분 정도는 읽어야겠다는 생각이 드는지, 20분 동안은 누구도 딴짓하지 않고 책을 읽는데 신기하다.

차를 타고 이동할 때도 타이머를 들고 간다. 얼마나 걸리냐고 묻기에 50분이 걸릴 것 같다 하면 아이가 알아서 타이머를 맞춘다. 시간의 흐름을 눈으로 보는 것이다. 외출 준비를 할 때도 유용하다. "20분 뒤에는 집을 나서야 해. 양치하고 옷 입고, 신발 신기까지 20분밖에 없을 것 같아." 아이가 준비되든 안 되든 20분 알람이 울리면 나가야 한다. 엄마가 더 챙기거나 서두르라고 닦달하지 말자. 아이가 잠옷 바람이어도 옷을 챙겨 들고 그냥 나가야 한다.

"30분 동안 밥을 먹을 거야. 30분이 지나면 엄마는 치워야 해." 타이머를 맞추고 같이 식사하자. 30분이 지나면 약속대로 치우면 된다. 아이가 딴짓해서 못 먹어도 치우자. 한두 번이면 아이들은 알아서 한다. 아이들이 시간을 눈으로 보면서 자기 시간을 조절한다.

아이들에게 시간이라는 개념은 매우 어렵고 추상적이다. 놀 때는 1시간이 10분 같고, 공부할 때는 10분이 1시간 같다. 눈으로 시간을 보여주면 아이들은 시간 개념을 몸으로 익히고, 그것을 스스로 조절하여 실행으로 옮긴다. 엄마가 잔소리하는 이유는 엄마만 시간의 흐름을 느끼기 때문이다. 아이들에게도 시간의 흐름을 느끼게 해주자. 감으로는 느낄 수 없는 시간을 눈으로 보여주자. 스스로 보게 하면 잔소리도 줄어들고, 시간을 조절하는 힘도 자란다.

게으른 육아팁   **구글타이머를 사서 곳곳에 두세요**

구글타이머를 검색해 마음에 드는 것으로 여러 개를 구입하자. 식탁, 아이 책상, 화장실, 자동차 곳곳에 놔두면 엄마가 잔소리할 일이 줄어든다. 할 일을 주고, 타이머를 맞추고, 엄마는 돌아서서 나가면 되는데, 5분의 여유 시간을 두기를 추천한다. 타이머가 울리면 엄마는 단호하게 끝내야 효과가 있다.

06

때로는 거짓말도
필요합니다

"엄마는 언니만 예뻐해!"

"네가 그렇게 하는데 어떻게 예뻐할 수가 있어. 언니 좀 봐, 알아서 하잖아."

"엄마는 동생만 예뻐해!"

"안 예뻐하게 생겼니? 네가 이렇게 하는데?"

아이들이 이렇게 말하는 이유가 뭘까? 연애할 때 "오빠, 김태희가 예뻐? 내가 예뻐?"라는 질문도 답을 알면서 묻는다. 내가 예쁘다는 말을 듣고 싶은 것뿐이다. 나보다 김태희가 훨씬 예쁘다는 것을 알고 있듯이 아이들도 언니가 더 잘하는 것을, 동생이 더 귀엽다는 것을 안다. 그렇지만 그냥 듣고 싶은 것뿐이다. 나를 더 좋아한다는 말을 말이다. 거짓말로든 연기든 해줘야 한다. 지금은 속이 터지지만, 한 대 쥐어박고 싶은 걸 꾹꾹 참고 있지만 말이다.

"언니만 예뻐하다니. 너를 더 좋아해!"
"동생만 예뻐한다니 너를 제일 좋아해서 제일 먼저 낳았는데?"
"이건 비밀이야. 너를 더 좋아해."

가끔 아이들이 같이 와서 물으면 이렇게 말한다. "엄마는 8세 중에서는 우리 첫째가 제일 잘한다고 생각하고, 5세 중에서는 우리 둘째가 제일 잘한다고 생각해." 아이들은 거짓말인 걸 알면서도 좋아한다. 말 한마디 듣고 싶어서 그러는 것을 가끔 지나치게 솔직했다가 아이와 감정이 틀어지기도 한다.

보험을 들어놓는다 생각하고 한마디씩 하자. "나는 너희 키우는 거 하나도 안 힘들어. 행복해." 분명히 보험 들어놓은 것을 써먹을 때가 온다. 가깝게는 형제자매 사이가 돈독해지기도 하고 멀게는 사춘기에 특효약이다. 곳간에서 인심 난다고, 아이가 마음 곳간이 두둑해야 베풀 마음도 생긴다. 형제자매에게든 엄마에게든 말이다.

아이가 뱃속에 있을 때가 제일 예쁘다는 말은 진리였다. 조금 크고 나니 말을 안 들어서 너무 힘들다. 애 하나 키우는 것이 이렇게 힘든 일인 줄 왜 아무도 말해주지 않았을까? 임신 과정부터 출산, 육아에 이어 모든 것이 힘들지만 아이들에게는 거짓말로 보험을 들어놓자. "다른 엄마들은 애 키우는 게 힘들다는데 왜 엄마는 하나도 안 힘들지?" 아이들 마음속에 차곡차곡 저장해주자. 아이들 마음이 따뜻하고 단단해진다. 좀 더 효과적인 방법은 아이들이 들리도록, 남편과 의도적으로 큰 소리로 말하는 것이다.

"우리 애들은 정말 예쁘지 않아? 저 정도면 정말 효자, 효녀야. 아이들 낳길 정말 잘했어. 그렇지?"

아이들이 듣는 앞에서 엄마들이 모여 아이에 관한 이야기를 나누는 것도 조심하자. 아이가 원하지 않는데, 아이 이야기를 나누며 웃는 것도 조심할 필요가 있다. 엄마들이야 귀여워서 웃는다지만, 아이들은 부끄럽거나 나의 단점을 말하는 것같이 느껴질지도 모른다. 입장 바꿔 누군가 내 이야기를 하며 웃는다면 기분이 좋지 않다. 좋은 이야기든 나쁜 이야기든 내 동의 없이 나에 관한 이야기를 나누는 것은 실례다. 아이들에게도 마찬가지로 실례다.

선생님이 아이의 단점을 말한다면
학부모 상담을 할 때마다 고민된다. 아이의 단점을 말해줘야 하나 말아야 하나. 사실 선생님으로서는 말해주지 않는 편이 낫다. 내 자식의 단점은 사실 부모가 더 잘 알고 있는 경우가 많은데 그것을 다른 사람의 입을 통해, 그것도 선생님을 통해 듣는 것이 퍽이나 속상했던 경험이 있기 때문이다. 학교에서 보이는 모습들은 교사가 해결해야 할 몫이고, 교사가 학교에서 가르쳐야 할 몫이기 때문에 학부모님들을 속상하게 하면서까지 솔직하게 말해야 하나 싶을 때가 많다.

하지만 엄마의 관점에서라면 조금 다르다. 내 아이에게 고쳐야 할 문제점이나 겪고 있는 어려움을 선생님께서 말씀해주시지 않는다면 오히려 아이를 도울 시기를 놓치게 된다. 엄마가 알고 적절한 시기에 가정에서 도와줄 수 있다면 아이에게 더 도움이 되지 않을까? 이 때문에 엄마가 듣기에는 속상한 이야기들을 어떻게 하면 잘 전달할 수 있을까 교사로서 늘 고민한다.

학부모 상담에서 혹시 내 아이의 문제점이나 고쳐야 할 점들을 들었다면 사실 좋은 선생님을 만난 것이기도 하다. 선생님들이 그런 이야기를 전하기가 정말 쉽지 않아서 안 하시는 분도 많다. 그런데 중요한 것은 그런 말을 들었어도 아이에게는 잘 돌려서 이야기해야 한다. 굳이 그런 이야기를 들었다고 해서 아이를 혼내거나, 고쳐야 한다며 아이를 나무라서는 안 된다. 선생님이 우리 아이만 미워하는 것은 아닌지 걱정되고 속상할지도 모른다. 하지만 아이 앞에서는 선생님에 대한 나쁜 이야기도 참고, 거짓말이라도 말해야 한다. "선생님께서 네가 참 예쁘고 활발하다고 하시더라." 엄마의 말로 아이와 선생님과의 관계를 돈독하게 만들어줄 수 있다. 아이들은 엄마가 믿는 만큼 자라고, 선생님이 믿는 만큼 자란다. 선생님을 좋아하게 만들어주면 아이는 학교생활도 잘하게 되고 공부는 자연스럽게 따라온다.

정서적 안정을 주는 **따뜻한 방관은 '말'**에 있다. 엄마가 어떤 것도 하지 않아도 된다. 에너지 낭비하지 않고, 아이의 감정에 공감하며, 나서서 해결하려 하지 말고, 달콤한 거짓말도 섞어가며 그렇게 아이에게 정서적인 안정을 주어야 한다. 공부를 잘하는 아이들이 모두 정서가 안정된 것은 아니지만, 내가 만난 정서가 올바르고 따뜻한 아이들은 모두 공부를 잘했다. 내가 봤고, 선배 선생님들께 들었고, 아이들로 증명되었다. 공부 잘하는 아이로 만드는 방법은 엄마가 부지런히 학원 픽업하러 다니는 게 아니다. 따뜻한 말 한마디에서부터 시작하자.

칭찬하는 게 어렵다고?

시어머니가 말한다. "며늘아기야. 오늘 갈비찜이 아주 부드럽고 씹기가 좋구나. 핏물도 잘 빼냈고, 양념도 간이 아주 잘 맞아. 색깔도 아주 먹음직스러워 보이는구나. 이것을 만들어내느라 얼마나 힘이 들었니? 참고 열심히 만든 너에게 참 고맙구나. 다음번에는 더 잘할 거라 믿어!" 기분이 좋은가? 나는 별로다. 이런 칭찬도 있다.

"오늘 네가 그린 그림이 색깔이 정말 예쁘구나. 파란색을 이렇게 다양하게 쓸 수 있다니 놀라운 걸? 오늘 하기 싫었을 텐데, 이걸 참고 해내다니 너는 정말 대단한 아이야! 다음번에는 더 잘할 거라 믿어!" 우리는 일상생활에서 이렇게 말하지 않는다. 육아서를 읽거나 인터넷에서 자녀교육 팁으로 검색되는 것 중에 '칭찬'과 관련된 글은 우리의 정서와 도무지 안 맞는다. 외국어를 우리말로 번역한 번역투여서 그렇다. 우리말, 우리글로 칭찬하는 것이 우리 정서에 맞다.

"과정을 칭찬하라.", "칭찬을 너무 많이 하지 말라."와 같은 '칭찬의 지침'이 엄마들을 지치게 한다. 번역투의 어색한 문장들도 실생활에서는 따라 하기가 어렵다. 특히 애교가 없는 엄마들이라면 더더욱 낯간지럽다. 다정하게 말하기도 어려운데, 미사여구를 덧붙여 가며 칭찬하려니 안 하는 편이 낫겠다 싶다.

시어머니가 차라리 "어머나. 세상에! 갈비찜 정말 맛있다!"라고

(게으른 육아팁)   **아이를 자라게 하는 말**

1학년 아이들에게 부모님께 듣고 싶은 말 3가지를 꼽으라고 했다.

"틀려도 괜찮아."
"잘했어."
"사랑해."

이 세 문장이 아이들이 가장 듣고 싶은 말이었다. 오늘부터 아이를 품에 안고 말해 보자. "틀려도 괜찮아. 잘했어! 사랑해."

말하며 밥 한 공기를 뚝딱 하는 것은 어떤가? 마찬가지로 아이에게 "우아! 진짜 잘 그렸어! 대박!!"을 외치며 엄지를 들어 보이는 것, 그리고 그 그림을 냉장고에 붙여두고 오래 보는 것처럼 심플하게 칭찬해도 된다. 과한 양념보다 깔끔한 재료 본연의 맛을 살리는 게 담백하고 오래간다.

07

심심한 아이,
같이 치대고 있으면 됩니다

"국민 문짝! 그거 구했어. 내가!"

도대체 이게 뭐라고, 새로운 버전이 출시되었음에도 구버전의 문짝이 좋다고 하기에 몇 날 며칠을 맘카페를 뒤져가며 결국 구했다. 그걸 찾을 시간에 아이와 눈 한 번 더 맞추고 놀아주었다면 좋았을걸. 그때는 왜 그렇게 목숨 걸고 구했는지 모르겠다.

아이가 어릴 때는 검색창에 연령별 아이 장난감 추천 리스트를 검색해 때가 되면 하나씩 구매해 택배로 나르곤 했다. 장난감 대여점, 중고나라, 토이저러스를 뒤져가며 온 집을 장난감으로 가득 채웠지만, 아이는 늘 심심해했다. 장난감의 기능이 단순하다 보니 아이가 몇 번 가지고 놀다 보면 저 멀리 방구석에 처박혀 있어도 아이가 찾지 않는 신세가 된다. 나에게 와서 치대는 아이에게 새로운 장난감을 사줄 시간이 왔구나 싶어 또다시 새로운 장난감을 택배로 사서 나르는 일상이 반복되었다. 아이가 조금 크면서는 새 장난감과 문화센터의 콜라보레이션이 시작된다.

배울 것도 놀 것도 넘치는 세상이다. 얼마나 재미있는 게 많은지 어른들은 한시도 쉬지 않고 일하고, 또 쉬면서 재미있는 것들을 찾아 나선다. 아이들도 마찬가지다. 장난감에, 유튜브 영상에, 텔레비전만 틀면 나오는 만화 영화에 아이들도 심심할 틈이 없다. 장난감도 없고, 텔레비전도 없는 식당이나 공원에서도 엄마의 휴대전화 속 유튜브가 쉴 새 없이 돌아간다. 아이들도 쉴 새 없이 무언가를 보고 있다. 체험 프로그램, 원데이 클래스, 학원에 이어 SNS 속 교육 정보들을 보고 있노라면, 안 하면 안 될 것 같아 마음이 불안하다.

쉬고 싶은 날, 지루해진 아이들이 자꾸 옆에 와서 치대고 있으니 엄마가 힘에 부친다. 밥도 해야 하고, 설거지도 해야 하는데 아이가 자꾸 심심하다며 짜증을 낸다. 비싼 돈을 주고 산 장난감은 한두 번 가지고 놀다가 거들떠보지도 않으니 화가 난다. 내가 아이에게 화내는 것보다 차라리 유튜브라도 틀어놓고 보여주는 편이 낫다고 생각하여 자꾸만 텔레비전을 틀게 된다. 아이들이 노는 것도 쉴 틈이 없다.

아이들이 조금 천천히 놀면 어떨까? 학교에서는 사실 재미없는 일들이 많다. 매시간 재미 위주의 수업만 하면 참 좋겠지만 그렇지 않다. 30명 가까이 되는 아이들과 게임이라도 한번 하려면 일단 설명을 해야 한다. 정확한 규칙과 안내가 없으면 게임이 아니라 전쟁터가 되기 때문이다. 그런데 문제는 이 짧은 설명에도 아이들이 기다리지 못한다.

심심한 순간들을 참아내야 한다. 때로는 지겹고 때로는 차분한 시간이 아이들에게 필요하다. 조용하고 무료하고 따분한 일상도 아이들이 꼭 보내보아야 할 시간이다. 아이들이 이럴 때 생각이 자라고 참을성도 자란다.

멍 때릴 시간을 주자!

아이들은 엄마에게 치대면서 혼도 나고 심심해하고 무료한 시간을 견디며, 무엇을 하고 놀지 스스로 생각해야 한다. 그래야 무엇을 좋아하는지 찾을 수 있다. 엄마가 아이에게 자꾸 재미있을 만한 것들을 제공해주니 아이가 스스로 놀지를 못한다. 엄마에게 가봐야 놀아주지 않으니 스스로 '재미있는 것을 찾아봐야겠다!' 하고 생각해야 한다. 그러려면 그냥 같이 치대고 있자.

"엄마 심심해."라고 하면 "어, 그렇네! 진짜 심심하네." 하고 말 일이다. 아이의 심심함을 애써 엄마가 해결해주지 말아야 한다. 아이들은 스스로 재미있을 만한 것들을 찾아서 놀게 마련이다. 그 옛날 명절에 사촌들이 모이면 할머니 장롱에서 이불만 꺼내도 재미있게 놀았다. 지금이라고 다를까.

아이들은 놀면서도 자라지만, 쉴 때도 자란다. 엄마 옆에서 징징거리고 치대고 혼도 나고 그렇게 커야 맞다. 조금만 지루한 설명이 이어지면 이내 다른 것으로 관심을 돌리는 아이들이 많다. 영상물에는 집중했다가 설명이 이어지면 듣지 않는다. 심심한 것을 견뎌내지 못하고 자극적이고 재미있는 것에만 점점 몰두한다. 수업과 공부는 계속 자극적인 것으로 이어갈 수 없다.

심심하게 두자. 울면 우는가 보다 하고, 짜증 내면 그럴 만하다고 생각하면 된다. 같이 치대면서 뭘 할까 생각하고 뒹굴뒹굴거리며 지내자. 아이가 차에서 심심하다고 떼쓰고 울면 우는 동안 기다려줘야 한다. 처음부터 심심함을 참지 못하는 아이는 없다. 먼저 유튜브를 보여주는 쪽은 엄마다. 아이의 울음소리를 엄마가 견디지 못해 유튜브를 트는 것이다. 빈대 잡으려다 초가삼간을 태운다. 잠시 떼쓰고 우는 소리를 잡으려다, 아이와 스마트폰 전쟁을 하게 될지도 모른다.

멍 때리기야말로 아이들에게 꼭 필요한 시간이다. 어른들도 일부러 명상하는 시간을 가지고 요가를 하며 생각의 꼬리를 끊어내는 연습을 한다. 아이들에게도 필요하다. 아이들에게 놀이라는 이름으로 자꾸 이것저것 시키지 말자. 놀 때는 그냥 놀고, 공부할 때는 공부하자. 심심함도 즐기도록 같이 치대자. 그리고 말하면 된다. "어. 엄마도 되게 심심하네. 뭐 할래?"

08

아이 적성은
학원에서 찾는 것이 아닙니다

"'도'가 어딨어?"

"도?"

"그래. 도가 어디야? 도 몰라?"

"어? 배웠는데…."

"배웠는데? 피아노 학원을 8개월째 다니는데, '도를 배웠는데'라고?"

"이건가?"

"'솔'이잖아. 그거는!"

기가 막히고 코가 막힐 노릇이다. 주 3회 다니는 피아노 학원은

월 15만 원이었다. 15만 원 곱하기 8개월. 차라리 그 돈으로 떡을 사 먹을 것을 그랬다. 피아노를 제법 치길래 역시 우리 딸은 피아노도 잘 친다고 생각했다. 그날 어린이집 엄마들과 이야기하지 않았더라면 15만 원을 몇 번을 더 내고서야 내 딸을 알게 되었을까? 퇴근하고 아이를 찾으러 어린이집에 간 날, 그날따라 엄마들이 삼삼오오 놀이터에 모여 있었다. 평소 같았으면 아이만 찾아서 돌아왔을 텐데, 그날은 왠지 그 사이에 앉아 이야기가 듣고 싶었다.

"아니, 우리 아들이 피아노 학원을 1년 넘게 다니는데, 글쎄 도, 레, 미, 파, 솔을 모르는 거야. 내가 헛돈 썼더라고. 피아노에는 영 재능이 없다는 걸 200만 원 내고 알았어."

1년이나 다녔는데 그걸 모르는 건 좀 심하지 않나 속으로 생각했다. 문제는 그 너무한 아이가 우리 집에도 있었다. 설마 하는 마음으로 "너는 도가 어딘지 알아?" 하고 물었던 것이다.

칠 줄 알았던 피아노 몇 곡은 그냥 외워서 친 것이었다. 아이의 컨디션을 핑계로 그 달에 피아노 학원을 그만두었다. 남들 다 다니는 피아노 학원이었지만, 재능이 영 없어 보이는 곳에 돈을 쓰는 것이 낭비처럼 느껴졌다. 차라리 그 돈으로 아이가 좋아하는 책이나 몇 권 더 사주는 게 낫겠다 싶었다.

학원은 참 보내기도 그렇지만 안 보내기도 그렇다. 보내자니 도대체 어디서부터 어디까지 시켜야 할지도 막막하다. 돈도 돈이고 아이가 둘이나 있다 보니, 첫째가 가는 학원에 둘째까지 가고 싶다고 하면 수강료부터 살피게 된다. 형제 할인 없는 학원은 꽤나 실망스럽기까지 하다. 아직 어린 둘째가 버거워 못하겠다고 하면 고마운 마음이 든다.

사실 학원은 부족한 공부를 더 배우는 곳의 기능만 하지는 않는다. 돌봄의 기능을 함께 한다. 주변에도 일을 그만두지 않고 계속하고 있는 친구들이 많은데, 아이가 초등학교에 입학하면 어떻게 할까 고민하는 모습을 많이 보았다. 유치원이야 늦은 돌봄이 가능하지만, 학교는 그렇지 않기 때문이다. 고학년의 경우엔 학교 마치고 학원을 한두 군데 들렀다 집에 오면 퇴근하는 부모와 시간이 얼추 맞다. 학원이 돌봄의 기능까지 하고 있으므로, 맞벌이 부모에겐 학원을 보내지 않는다는 것은 아이를 혼자 두어야 한다는 뜻이기도 하다.

학원은 또 다른 기능도 있다. 엄마들은 아이의 적성을 찾아주려고 학원에 보낸다. 나처럼 100만 원이 넘는 돈을 들이고 나면 정확하게 알게 되기도 한다. 이것저것 배워봐야 아이가 뭘 좋아하는지 알 것 같다. 일단 미술과 피아노, 태권도에서부터 시작해 영어 학원과 체육 학원을 거쳐 단과 학원에서 종합반에 이르기까지 마치 학원을 보내는 공식이 있는 듯 보인다. 문화센터, 방문학습, 과외는 덤이다. 일하는 엄마는 일하는 엄마대로, 또 가정에서 자녀교육에 열심인 전업주부들은 또 그들대로 학원 이야기만 나오면 고민이 시작된다.

모든 아이에게 한 가지 재능은 꼭 있다

어떤 학원을 보내야 할지 막막하고, 돈은 돈대로 드는 것 같아 망설여지면, 일단 아이에게 세상을 구경시켜주자. 적성은 학원에 있지 않다. 아이들이 가슴 떨리는 일을 찾기 위해서는 결과물을 직접 보여주는 편이 낫다. 피아노 연주회를 보러 갔을 때 마음 한구석에 작은 울림이 있다면 아이는 엄마가 보내지 않아도 피아노 학원을 기웃거릴지 모른다.

여행을 통해 여러 사람을 만나고 여러 직업을 보여주자. 그렇다고 여행에서 무언가를 꼭 배우거나 체험 수업을 하라는 것은 아니다. 연주회, 연극, 뮤지컬, 박물관, 미술관, 작가와의 만남, 학술제, 세미나 등등 아이들이 만날 수 있는 다양한 세상이 있다. 그 안에서 아이가 무엇에 설레는지, 무엇을 하고 싶어 하는지를 찾아보자. 그걸 찾은 후에 학원에 가면 어떨까?

학교에서는 엄마가 알아보지 못하는 재능을 가진 아이들을 많이 만난다. 수업 중에 자꾸 딴짓하고 그림을 그리는 아이가 있어 그림을 살펴봤는데 엄청난 재능이 있었다. 섬세하게 표현된 낙서 같은 그림에는 이야기가 녹아 있었다. 아이에게 미술적 재능이 있었지만, 엄마는 알아차리지 못했다. 평소 수업 시간에 교과서 한쪽에 그림만 그리던 아이가, 다양한 미술 작품을 보여주는 시간에 눈을 떼지 못하는 모습이 놀라웠다. 이런 아이를 엄마는 공부를 못하는 아이여서 속상하다고 하시니 내가 더 속이 상했다. 안타까웠다. 아이와 미술관에 갔더라면, 반짝이는 눈망울에서 엄마는 아이의 적성을 일찌감치 찾아주었을지도 모른다.

학원에 가서 배우며 찾는 것도 방법이지만, 아이에게 어떤 재능이 있는지를 모든 학원을 통해서 찾기는 참 어렵다. 그리고 보낼 수 있는 학원에는 한계가 있다. 아이가 원하는 바가 명확하다면, 어떤 학원에서 어떤 선생님을 만나건 재능을 잘 키워나갈 수 있다. 반 클라이번Van Cliburn 국제 피아노 콩쿠르에서 우승한 피아니스트 임윤찬 군이 동네 피아노 학원에서 피아노를 배웠다는 일화가 시사하는 바는 크다.

스마트폰을 잠시 내려놓고, 학원도 잠시 내려놓고 책을 통한 간접경험이든 밖에서 겪는 직접경험이든 아이들에게 새로운 세상을 많이 알려주자. 예술적 재능처럼 비교적 어린 나이에 발견되는 재능이 있고, 어른이 되어서 찾게 되는 재능도 있다. 우리 아이는 무엇을 잘하는지 아이가 성인이 될 때까지 기다려주고, 무엇이든 해볼 수 있게 도왔다는 선배 선생님들의 말씀에, 아이가 초등학교 다닐 때 모든 것을 완성해주려는 것은 조급한 욕심이라는 생각이 든다. 아이를 키우는 일은 초등학교에서 끝나지 않는다.

09

영어 흘려듣기,
많이 들으면 듣지 못해요

학교에서 아이들이 잘 듣지를 못한다. 10년 전보다 훨씬 심해졌다. 수업할 때 조금만 설명이 길어지면 아이들이 참지 못하는데, 수업과 관련된 영상을 틀면 아이들은 신기하게도 앉아 있는다. 눈을 떼지 않고 집중한다. 심지어는 그 설명이 굉장히 어려운데도 듣는다. 그런 와중에 영상에는 집중하지 못하지만 내 설명에 잘 집중하는 아이도 있다.

디지털 시대에 스마트 교육이 중요하다고는 하지만 나는 여전히 아날로그 수업을 한다. 정말 필요한 순간에만 스마트기기의 도움을 받거나 자료조사, 퀴즈 도구 정도로만 사용하고 있다. 학기 초에는 아이들이 아날로그 수업에 집중하지 못하지만 한 달만 지나도 잘 적응한다. 아이들은 여전히 스마트폰보다 실제 생활을 더 좋아한다.

아무리 유익하고 좋은 내용이라 할지라도 스마트기기의 학습은 일방적인 소통이라는 점에서 문제가 있다. 사람과 사람이 하는 모든 일은 공감과 소통에서 시작해야 한다. 아이들에게 너무 일방적인 소통을 주고 있지는 않은지 고민해봐야 한다. 아이들이 스마트기기로 듣는 것은 많은데, 그만큼 소통할 기회가 줄어든다.

영어 흘려듣기가 유행이다. 영어 흘려듣기는 영어를 계속 배경음악처럼 틀어주어 아이들이 영어에 친숙해지게 하는 것을 말한다. 물론 나도 시켜봤다. 어떤 면에서는 영어 듣기에 도움이 될 것이다. 그런데 문제는 이 흘려듣기를 몇 시간이고 계속한다는 것이다. 아이가 놀고 있을 때 트는 것이 무엇이 문제인가 싶겠지만, 아이는 어떤 것에도 집중하지 못한다. 정작 들어야 할 것을 듣지 못한다.

아이 이름을 불러도 대답하지 않는다면

소리와 소음을 구분해야 한다. 들리는 것과 듣는 것을 구분할 줄 알아야 한다. 그런데 오랜 시간 틀어놓는 텔레비전의 영어 소리가 모든 소리를 소음으로 만들어버린다. 그래서 아이들이 수업 시간에 하는 이야기를 잘 듣지 못한다. 수업도 소음처럼 듣는 것이다. 집중력 있게 한 가지 일을 해내야 하는데 아이들이 그렇게 못한다.

영어에서만큼은 모든 것이 허용되는 상황이 안타깝다. 집중력을 키워주고 싶으면 한 번에 한 가지 일에만 집중하도록 도와야 한다. 영어 학습이라는 이름으로 흘려듣기를 오래 하면 집중할 수 있는 시간조차 주지 않는 것이다. 무의미하게 계속 틀어놓지 말자. 흘려듣기를 하고 싶다면, 영어를 못 알아들어도 할 수 있는 '영어 그림 그리기 유튜브'가 있다. 차라리 영상을 보고 영어를 들으면서 그림을 그리는 활동을 시키는 것이 훨씬 도움이 된다.

놀이에 몰입할 수 있도록 놀 때는 놀게 두자. 놀이하면서 자신만의 상상 속에 재미있는 세상이 펼쳐질 수 있도록 조용한 환경에 놓아두어야 한다. 밥 먹을 때는 밥만 먹을 수 있게 두자. 식사 시간에 엄마, 아빠와 대화하는 시간이 영어 흘려듣기 시간보다 아이에게 더 좋다. 가족 간의 대화에 참여하고 엄마와의 대화에 몰입시키자. 영어 공부를 시키지 말라는 이야기가 아니다. 종일 틀어놓는 영어를 통해 외국에 나가서 사는 것과 같은 환경을 만들어주라고 하는데, 외국 사는 아이들도 그렇게 종일 영어를 듣지는 않을 것이다. 게다가 상호작용이 없는 영어 듣기는 득보다 실이 많다.

영어 학습에 조급한 마음을 갖는 것도 경계할 필요가 있다. 내가 영어 영재 학급 강사로 일하면서 깨달은 게 있다면 아이에게 필요한 것은 주의 집중력이다. 집중력이 좋은 아이는 영어 공부를 할 때 짧은 시간 안에 많은 것을 배울 수 있다. 나는 첫째가 7세가 된 해부터 영상매체를 보여주기 시작했다(그래서 작은 아이는 4세부터 영상에 노출되었다). 주로 영어 학습을 위한 것이 많았는데, 30분 정도 보고 나면 머리가 아프다고 스스로 종료 버튼을 눌렀다. 그렇지만 짧은 시간에 집중해서 시청하고 듣기 때문에 영어를 빠르게 습득했다. 영어 학습으로 효과를 본 도서들은 220쪽에 정리해두었으니 참고하자.

아이 이름을 불러도 대답을 안 한다면 2가지 이유가 있다. 첫 번째는 대답해봐야 좋은 소리를 못 듣고 잔소리만 하니까 대답을 안 한다. 두 번째는 정말 안 들려서다. 소리를 듣기만 했지, 대답하거나 상호작용을 하지 않았기 때문에 듣고 마는 것이다. 엄마가 부르는 소리도 흘려듣기 소리의 일부인 것이다. 엄마의 소리를 듣게 하려면 아이가 무언가를 할 때는 그냥 두자. 옆에서 뭔가를 더 해주려고 하지 말아야 한다. 자신이 하는 일에 집중할 수 있도록 몰두하고 있을 때는 말도 걸지 말고, 사진도 찍지 말아야 한다. 아무것도 하지 말고 집중할 수 있게 돕는 것, 아무것도 하지 않는 엄마의 방관이 아이의 집중력을 키워줄 수 있다.

10

밤새도록
책 많이 안 읽어줘도 돼요

학교에서 온종일 수업하고 왔는데, 집에서 아이들이 책 읽어달라고 가져오면 솔직히 무섭다. 나는 책을 많이 읽어주는 편은 아니다.

옛말에 가장 듣기 좋은 3가지 소리가 내 논에 물 들어오는 소리, 자식 입에 밥 들어가는 소리, 그리고 자식이 글 읽는 소리라고 했다. 중요한 것은 '읽는 소리'다. 읽어달라는 소리가 아니다. 아이들 책 읽는 모습만큼 예쁜 것이 없다. 첫째는 혼자서 책을 잘 읽는데, 아이가 가만히 잘 앉아 있는 모습이 예쁘고, 놀아달라고 하지 않아서 좋고, 뭐라도 읽고 있으니 공부에 도움 되겠지 싶은 마음이 들어 좋다. 둘째는 아직 까막눈이어서 책을 읽어줘야 하는데, 사실 쉽지 않다.

아이들이 책이 좋아서 많이 읽는 것도 중요하지만, '많이'의 기준을 어디에 둘 것이냐가 중요한 것 같다. 어린아이들은 하루에 그림책 2~3권이면 충분하다. 고학년 아이들도 하루에 30분 정도 독서량이면 충분하다. 아이들이 학교에서도 온종일 하는 것이 교과서 읽기다. 학교 선생님들도 독서의 중요성을 알기에 아침에 20분간 독서 활동을 하고, '창의적 체험활동' 시간에는 온 책 읽기(책 한 권을 정해 다 함께 일정 분량만큼 읽고, 관련된 활동을 하며 깊이 있게 읽는 것)를 하고, 또 그림책 연계 수업을 하는 선생님들도 많이 계신다. 하지만 이런 특별 수업이 없더라도, 아이들은 1교시부터 6교시까지 교과서와 씨름하다 간다.

많이 읽는 것을 바라진 않지만, 그래도 아이가 휴대전화보다는 스스로 책을 꺼내 읽는 모습을 보고 싶은 것이 엄마 마음이다. 우리 아이가 책을 읽지 않아 걱정이라면, 방법이 있다. 일단 책 싫어하는 아이는 없다는 것부터 받아들이자.

학교 도서관은 아침부터 문 닫기 전까지 아이들로 늘 북적거린다. 학습 만화가 가장 인기가 많아, 사서 선생님이 "내가 만화방 주인이 된 것 같아요."라고 말씀하실 정도다. 학습 만화가 가장 인기 있는 이유는 재미있기 때문인데, 아이들은 재미있으면 무엇이든 한다. 책을 싫어해서 안 읽는 것 같지만, 사실 내용이 재미없어서 읽지 않는 것이다. 도서관에서 학습 만화만 읽는 이유는 수많은 책 중에서 어떤 책이 재미있는지 모르기 때문이다. 일단 재미가 보장된 학습 만화 코너에 아이들이 몰린다.

책 좋아하는 아이로 만드는 첫 번째 비법

책을 좋아하는 아이로 키우려면 첫 번째는 아이의 관심사를 잘 파악해야 한다. 한글책이든 영어책이든 상관없다. 아이가 어떤 스토리를 좋아하는지, 무엇에 관심이 있는지 알고 나면 책 읽기는 일사천리다.

엄마가 아이의 관심사를 파악하는 일은 어렵지만, 반드시 필요하다. 아이의 관심사를 파악하는 순간부터 아이는 한글책이든 영어책이든 부담 없이 받아들이기 시작한다. 그럼 엄마가 아이의 관심사를 어떻게 찾아줘야 할까? 읽다가 우연히 아이와 잘 맞는 책을 찾으면 금상첨화겠지만 그런 일은 일어나지 않을 확률이 더 높다. 아이의 취향을 찾아주려면 아이와 대화를 많이 하자. 아이가 자주 말하는 것이 무엇인지, 엄마와 무엇에 관해 대화하고 싶은지를 계속 알아내야 아이의 관심사를 파악할 수 있다.

전집을 사놓고 실패하는 이유가 있다. 책은 정말 좋은 책일 것이다. 전집 구매가 실패로 돌아가는 이유는 책이 아이의 관심사가 아니기 때문이다. 세상에 없을 법한 이야기를 곧잘 지어내는 아이라면 판타지 소설을, 전쟁놀이나 칼싸움, 총싸움을 좋아하는 아이라면 역사책을, 과학에 관심이 많은 아이라면 과학책을 읽게 해보자.

완벽주의 성향의 아이나 그림책을 줘도 싫어하는 아이는 사진 위주의 책이나 사진을 찍어서 만든 그림책을 추천한다.

첫째가 어릴 때 그림책을 안 좋아해서 육아종합지원센터에 계시는 상담 선생님께 여쭤봤다. 완벽주의 성향의 아이들은 완벽한 형태의 그림은 오로지 사진뿐이라고 생각해서 그림책이 시시해 보일 수 있다고 한다. 아이는 한 장의 그림 속에 모든 것이 다 들어가 있어야 하는데 그렇지 않으니 미완성의 그림이라고 생각한다는 것이다. 한마디로 그림이 마음이 들지 않으니, 실사가 담긴 책을 더 선호한다. 실제로 첫째는 어릴 때 사진으로 된 동화책이나 과학책을 주로 읽었다. 물론 크면서 그림책도 점점 좋아하게 되었다.

책 읽어주기에도 기술이 있다

책 읽어주기를 그림책에서 멈추지 말고, 글밥이 많은 책으로 계속 이어가야 한다. 어릴 때 많이 읽어주기보다 오히려 커서 많이 읽어주자. 첫째 아이가 책에 관심을 보일 두 돌 때쯤 아이를 데리고 '유아교육 전시 박람회'에 갔다. 아이에게 자연 관찰 전집을 추천해 주시던 분께서 샘플로 책을 한 권 선물로 주셨는데, 그 책에는 사과 냄새를 맡을 수 있게 특수 처리된 사과 모형이 있었고 사과 비슷한 냄새가 났다. 사과는 아삭아삭하고 먹으면 달콤하다는 내용이었다. 샘플 책을 받아 들고 책을 살까 말까 고민하다, 집에 오는 길에 사과를 한 봉지 샀다. 냄새도 맡아보게 하고, 먹어보기도 하고, 같이 색깔도 알아보았다. 아이에게 수십만 원 책보다 더 좋은 교재가 마트에 있었다.

책을 우리가 간접경험이라고 부르는데, 유아기와 초등 저학년에는 간접경험 이전에 직접경험이 많아야 한다. 직접경험이 풍부하면 책을 더 잘 이해하게 된다. 어릴 때는 더 많이 밖으로 데리고 나가자. 밤새 읽어주는 책보다 한 번 경험한 것이 아이들에게 훨씬 더 도움이 된다. 가령 두리안이라는 과일을 먹어보지 못한 사람에게 제아무리 두리안의 맛에 대해 정확하게 설명한다 해도 먹어보지 않고서야 그 맛을 알 수가 없다. 어린아이들에게 세상은 그런 것이다. 책을 많이 읽는 아이, 집에서 책만 읽는 모습이 바람직한 모습은 아니다. 아이들은 세상을 직접 보고, 느끼고, 냄새 맡고, 먹어보아야 한다. 아이들이 어릴 때 책은 도서관에서 빌려 읽고 그 돈을 아껴 새로운 세상을 많이 느껴보게 하자.

오히려 초등기에 책을 많이 읽어주는 것이 좋다. 책 육아가 유행이고 분명 좋은 방향으로 흐르고 있지만 과유불급이다. 밤새도록 책 읽어주거나 한 달에 100권 읽기 등 지나치게 많은 독서량은 아이들의 뇌를 지치게 한다. 무엇이든 균형이 중요하다. 나가서 노는 것과 책 읽기의 균형을 잘 맞추어야 하는데, 초등 저학년까지는 그래도 밖에 나가 놀면서 배우는 편이 훨씬 빠르고, 아이들에게 더 도움이 된다.

글이 많은 책을 어떻게 다 읽어주나 싶겠지만, 책 읽어주기에도 기술이 있다. 드라마를 생각해보자. 재미있는 주말드라마는 사람 애간장을 녹인다. 결정적인 순간에 딱 멈춰 다음 주를 기대하게 한다. 예능프로그램도 마찬가지다. 재미있을 결정적인 순간에 "60초 후에 계속됩니다!" 하고 광고를 내보내 기다리게 만들 듯 책 읽기도 이렇게 하면 된다. 책을 건네면서 "네가 재미있어 할 것 같아서 사왔어. 읽어봐." 하고 내버려두면 안 된다. 책을 쌓아놓고 읽는다는 아이는 남의 집 아이 이야기이고, 실제로 그런 아이는 별로 없다.

맛보기용으로 읽어주자. 책을 읽어주다가 결정적으로 재미있는 순간에 딱 멈추어보자. 읽어주는 분량은 짧게, 그렇지만 정말 재미있게, 열정적으로 소리의 높낮이와 강약 조절을 하면서 마치 영화 예고편을 듣듯이 재미있게 읽어주자. 그러다 결정적인 순간에 "아, 목 아파서 못 읽겠다. 나머지는 내일 읽어줄게."라고 하면 된다. 아이들의 원성이 자자해진다. 책을 읽지 못하게 숨기자. 아이들이 몰래 꺼내어 와 이불을 뒤집어쓰고 읽는다. 밤새 책 읽어주지 않아도 된다. 책이 재미있으면 아이가 알아서 읽는다. 같은 책을 계속 반복해서 읽어달라는 아이에게는 수백 번이고 같은 책을 계속 읽어주어도 된다.

독서량은 사실 중고등학교에서 더 필요하다. 아이가 다 컸더라도 책 읽어주기를 멈추지 말자. 중고등학교 때는 잠자리에서 책을 읽어주며 엄마와 유대 관계를 다져나가자. 아이와 대화할 거리가 없다면 아이가 좋아하는 게임이나 연예인 기사 읽어주기를 계속하면 된다. "네가 좋아하는 연예인이 오늘 출국했다더라? 외국에서 콘서트가 있나 보지?"라고 하면서 말이다.

직접 골라야 애착이 생긴다

서점은 아이들을 책과 친해지게 만드는 곳이다. 아이를 데리고 도서관에 가면 무슨 책을 읽어야 할지도 모르겠고, 아이는 많은 책에 압도되어 부담감을 느낄지도 모른다. 서점에 가서 아이가 좋아하는 책도 한 권 사고, 장난감 코너에 있는 책이나 퍼즐, 퀴즈 책도 한 권 사주면 아이들이 서점 가는 것을 즐겁게 생각하게 된다. 그러면서 책을 점점 편안하게 받아들이게 되고, 아이가 직접 고른 책에 더 애착을 갖는다.

장난감도 하나 고를 수 있다는데 얼마나 신날까? 사온 책을 읽지 않을 수도 있다. 책 표지에 반해 샀는데 읽다 보니 재미없을지도 모른다. 다음에는 더 신중하게 고를 수 있게 돕고, 그 책을 반드시 다 읽어야만 새 책을 살 수 있다는 부담감을 주지 말자. 드라마 예고편이 재미있어 보여서 시청하기 시작했는데, 중간에 재미가 없어 다른 드라마를 찾는 모습을 생각해보자. 아이들에게 책도 그런 것이다. 재미없으면 다 안 읽어도 된다.

서점에 가면 서가에 꽂힌 책도 있지만, 매대에 진열된 책도 있다. 아이들에게 인기 있는 책을 서점에서 따로 모아 표지가 잘 보이도록 눕혀둔다. 이것만 골라도 대부분은 성공이다. 전집 사지 말자.

전집 살 돈을 아껴서 서점으로 가보자. 서점에서 작가와의 만남과 같은 행사에 참여하면 직접 만난 작가의 그림책에 아이가 더 친근감을 느끼고, 책과 더 친해지게 된다.

SNS 책 공구가 싼 것 같지만, 엄마 욕심에 사놓고 아이가 보지 않으면 싸게 산 것도 아니다. 서점에 직접 나가서 아이와 함께 읽어보고 고르자. 서점에 자주 나가다 보면 아이가 좋아하는 그림의 분위기, 문체, 관심사를 파악할 수 있다.

중요한 것은 두세 번 나가보고 우리 애는 책을 안 좋아한다고 생각하면 안 된다. 동네에 작은 서점, 혹은 대형 서점을 한 군데 정해놓고, 주말 아침에 꾸준히 서점에 가보자. 서점에 다녀온 후, 아이에게 재미있게 읽어주다가 멈추는 것도 잊지 말자. 엄마가 커피 한 잔을 마시며 잔잔한 음악을 배경 삼아 아이의 책을 재미있게 읽는 척도 해보자. 아이가 분명 곁으로 다가올 것이다. 물론 한 번 만에 안 된다는 것을 명심하자! 나는 아이 몰래, 책 사이에 휴대전화를 넣어 두고 책 읽는 척하는 방법도 가끔 쓰는데, 효과가 만점이다. 공부하는 아이 옆에서 요리책이나 잡지책을 읽어도 좋다. 무엇을 읽느냐보다 '읽는 모습'을 아이들이 보고 배운다.

아이들이 좋아할 만한 책 목록을 어디선가 구했다면 도서관에서 빌려와도 된다. 그런데 명심해야 할 것은 10권을 빌려서 그중에 한 권이라도 아이가 재미있게 읽었으면 그것으로 만족해야 한다. 10권 다 우리 아이에게 재미있을 리가 없다. 아이들은 재미있다면 계속해서 읽을 것이다. 책 좋아하는 아이로 키우기 위해 전집 공구에 손품 팔지 말고, 연령별 도서를 고르느라 후기를 검색하는 수고로운 일을 하지 말자. 독서의 즐거움을 깨닫는다면, 아이가 혼자 학교 도서관에서 학습 만화책이 아닌 글이 많은 책을 빌려오는 모습을 만나게 될 것이다.

(게으른 육아팁)　　**초등 저학년 읽기 독립으로 이끄는 책 추천**

책 읽기를 싫어하는 아이들 사이에서도 몇몇 책들은 인기가 많다. 책 읽는 것이 가장 싫다던 우리 반 남자아이도 아침마다 몰래 꺼내 읽던 책들을 소개하니 참고해보자. 글밥이 많아서 아이가 처음엔 책 두께에 부담을 가지고 책 읽기를 머뭇거릴 수도 있다. 저학년 아이들은 엄마가 직접 읽어주며 시작하기를 추천한다. 첫째 아이는 《전천당》 1~3권을 7세 무렵에 엄마, 아빠가 번갈아 가며 하루에 2~3챕터씩 읽어주었는데, 4권부터는 읽어주지 않아도 스스로 찾아서 읽고, 현재는 16권에 가이드북까지 사서, 두세 번은 기본으로 읽었다. 모험과 판타지, 마법 이야기를 좋아하는 친구들에게 추천한다. 다음은 초등 저학년이라면 실패하지 않을 책이니 다음 책들로 읽어주기를 시작해보자.

《이상한 과자 가게 전천당》
《고양이 해결사 깜냥》
《만복이네 떡집》
《우당탕탕 야옹이와 바다 끝 괴물》
《화장실에서 3년》
《마법의 설탕 두 조각》
《마르가리타의 모험》

11

이기적인
엄마가 되세요

"너는 절대로 엄마처럼 살지 마라. 엄마처럼 안 살려면 공부해야 해!"

엄마들의 대화 주제는 늘 한결같다. 아이 걱정, 남편 걱정으로 시작해 시댁 이야기가 끝나면 마무리하며 한마디를 덧붙인다. "이제 결혼은 꼭 안 해도 되지 않아? 혼자 사는 게 훨씬 낫지!" 아이들에게도 말한다. "너는 결혼하지 마. 안 할 수 있으면 혼자 살아." 이 말을 듣고 아이들은 무슨 생각을 할까? '결혼해서 불행하다는 건가? 결혼해서 나를 낳고 엄마의 인생이 행복하지 않은 건가? 엄마가 행복하지 않아 보인다. 나는 엄마처럼 안 살 거야!' 그렇지만 결국 우리는 엄마가 살아온 모습 그대로 살아가게 된다.

행복하게 사는 삶은 어떻게 가르칠 수 있을까? 말로만 해서 아이들은 모른다. 엄마와 아빠가 행복하게 사는 법을 가르쳐주지 않으면 어디서도 배울 수가 없다. 아이를 키우는 방법도, 아이와 대화하는 방법도, 배우자와 잘 지내는 방법도 그렇다. 가정생활을 배울 수 있는 곳은 우리 집뿐이다. 그런데 그걸 말로만 가르쳐준다고 될까? 우리 집은 이토록 즐겁지 않은데, 우리 엄마, 아빠는 행복하지 않은데, 매일 나 잘되라고 나를 위해서 희생만 한다는데 그럼 어떻게 살아야 행복한지 어디에서 배울 수 있을까?

아이가 커서 훌륭한 사람이 되기를 바랄 것이다. 아이들이 좋은 직업을 가지길 늘 기도한다. 최선을 다하는 삶을 살기 바라는 마음은 어떤 부모나 마찬가지일 것이다. 그러면서 훌륭한 사람들의 다큐멘터리나 위인전을 보여주는데, 어떤 과정으로 성장했고 어떤 공부를 해야 하는지는 배울 수 있겠지만, 행복하게 사는 법을 배울 수는 없다.

우스갯소리로 "연애를 글로 배웠어요."라는 말이 있다. 행복도 사랑도 모두 책으로 배울 수 있는 것이 아니다. 아이들 행복의 롤모델은 훌륭하고 멋진 위인전에 있지 않다. 바로 부모여야 한다. 아이는 부모의 거울이라는 말이 괜히 있는 것이 아니다. 매일 눈뜨면 만나고, 집에 오면 만나고, 살 부대끼며 살아가는 모습을 보여주는 부모가 롤모델이어야 한다. 그걸 보고 따라 하고, 그걸 보고 배운다.

학부모 상담이 있는 날이면 엄마들이 교실 문을 빼꼼 열고 들어오시는데, 들어오는 걸음걸이, 말투와 눈빛, 심지어 외모가 전혀 닮지 않았더라도 앉은 자세만으로도 누구의 엄마인지 알 수 있다. "아, 혹시 ○○이 어머니 되시지요?" 하고 물으면 다들 화들짝 놀라신다. "저희는 안 닮았는데, 어떻게 아셨어요?"라고 물으시는데, 많이 닮았다. 풍기는 분위기도, 눈빛도, 앉은 자세와 이야기를 듣는 모습마저 닮았다. 아이들은 이렇게 배운다. 가르쳐주지 않았지만, 옆에서 주고받는 말을 듣고 말을 배우듯 아이들은 엄마와 아빠가 어떻게 살아가는지를 보고 배우기에 행복한 삶도 그렇게 가르쳐주어야 한다.

말로만 엄마처럼 살지 말라는 말은 안 된다. 아이들에게 알려주자. 어떻게 사는 것이 행복한 삶인지를 말이다. 우리는 우리 세대의 엄마들보다 더 많이 배우고 그렇게 안 살 거라고 결심도 했지만 결국 엄마처럼 말하고 엄마처럼 살고 있다. 아이를 위해 희생하고, 내 행복은 뒤로 미루고, 일하고 돌아와 아이에게 미안해하고, 나한테 돈 쓰는 것은 아까워하면서 아이를 위해서라면 무엇이든 한다. 아이들을 혼낼 때도, 엄마와 토씨 하나 틀리지 않고 말한다.

아침에 교실로 들어오는 몇몇 아이들의 표정이 어둡다. 불러서 물어보면 어김없이 아침에 혼났다고 말한다. 엄마가 속상하게 말했다며 상처받은 아이들에게 말해준다. "옛날에는 좋은 책이나 아이를 키우는 방법을 말해주는 선생님이 없었어. 그래서 외할머니가 엄마한테 그렇게 말했을 거야. 엄마도 그렇게 혼나며 크셨을 거야. 잘 말하는 방법을 몰라서 그럴지도 몰라. 엄마가 가끔 혼나는 상황에서도 좋게 말해주실 때가 있잖아? 엄마가 너희를 위해서 열심히 책 읽고, 텔레비전 보면서 공부하고 노력하고 계신 거야. 엄마도 잘 몰라서 그래."

살면서 배워야 하는 말이나 태도가 있다. 책을 읽고, 공부하고, 강의를 들어도 무심결에 튀어나오는 말은 부모에게서 듣고 자란 말이다. 뼛속까지 각인된 삶의 태도인 것이다. 강렬하게 읽은 책보다 무의식의 경험이 훨씬 강력하다. 그러니 아이들에게 글이 아닌 삶으로 보여주고 가르쳐주어야 한다.

행복하게 살기 위해 공부하는 것

이기적인 엄마가 되자. 나를 제일 먼저 생각하고, 이 세상에서 가장 행복한 사람이 되자. 아이가 커서 자신을 위한 일에 죄책감을 느끼지 않도록 가르쳐야 한다. 아이가 행복하게 살기를 바란다면, 엄마가 행복하게 살아야 아이도 그런 삶을 살아간다. 부모가 아이에게 삶의 내적 동기가 되어주어야 한다. '엄마처럼 하면 엄마처럼 살 수 있구나.', '아빠처럼 멋진 어른이 되고 싶다.'고 생각해야 한다.

워킹맘이라면, 늦게 들어오는 미안함으로 아이를 만나지 말자. 오늘은 어떤 일을 해서 어떤 성과가 있었고, 오늘 일을 하는데 어떤 어려움이 있어서 어떻게 해결했는지 말해주자. 일하는 것은 힘들지만 어떤 보람이 있는지, 일하며 어떤 즐거움을 느끼는지 자아를 찾아가고 완성해나가는 즐거움이 무엇인지 공유하자. 아이는 아이대로 삶의 즐거움과 보람, 행복을 느끼게 해주어야 한다.

첫째를 낳고 아이가 두 돌도 되기 전에 친정 엄마가 돌아가셨다. 세상에 이렇게 슬플 수가 있을까 싶을 만큼 마음이 아팠다. 그런데 단 한 가지 나를 일으켜 세워준 말이 있었다. "엄마는 할 일을 다 하고 가셨으니 마음 편하게 가셨을 거야. 자식들 공부도 잘 시켰고, 직장도 가졌고, 결혼하고 아이도 낳고 이렇게 자리 잡고 잘 사는 모습을 다 보고 가셨으니, 할 일 다 하고 가셨다. 덤으로 사는 인생을 못 사는 것은 안타깝지만, 그래도 행복하셨을 거야."

장례식장에 오신 친구 어머니께서 해주신 말씀이다. 엄마가 행복했을 거라는 생각이 나를 세웠다. 엄마는 우리를 키우면서 늘 고생만 하고, 불쌍하고, 희생하는 엄마였다고 생각했다. 그래서 엄마를 생각하면 마음이 아팠다. 저렇게 고생만 하다가 아파서 돌아가셨으니 불쌍한 인생이라고 생각했다. 그런데 엄마도 행복한 순간들이 있었을 것이라 생각하니 위로가 되었다.

엄마를 떠올릴 때 '우리 엄마는 참 행복한 사람이었구나. 나도 엄마처럼 살고 싶다.'는 생각이 들도록 그렇게 살아야겠다고 생각했다. 아이들에게 엄마는 희생하는 사람이 아니었으면 한다. 이기적인 엄마가 되어 아이들에게 행복한 삶의 교과서가 되어주자. 우리가 아무리 이기적으로 살려고 노력해도, 늘 우선순위는 아이들이 될 수밖에 없다는 것을 안다. 그렇지만 아이를 키우며 살아가는 이 삶이 얼마나 행복한지를 아이들에게 늘 알려주자.

아이와 부모가 서로 삶에 균형을 맞추며 살아가야 한다. 엄마의 삶은 무시한 채 지내지 말자. 내 행복이 최우선이다. 내가 무엇을 좋아하는지 생각해보면 어떨까? 아이들에게 보여줄 수 있는, 최선을 다해 사는 삶의 모습은 무엇이 있을까? 아이들에게 보여줄 수 있는 내 행복한 모습에는 어떤 것이 있을까? 아이의 행복을 위해서 우리는 더 현명하게 행복해져야 한다. 아이는 엄마처럼 행복하게 살기 위해 공부할 것이다.

12

말만 잘해도
앉아서 공부합니다

"나와! 설거지를 한 거야? 안 한 거야?"

남편은 설거지한다는 의미를 알기나 하는 걸까? 내가 말하는 설거지는 그릇을 씻고 엎어 정리하고, 씽크볼과 수전을 정리하고, 물이 튄 것을 닦아내고, 식탁을 정리하고, 아이들이 식탁 밑에 흘린 것을 정리하고 나서 행주를 빨아 너는 것까지가 설거지다. 쓰기만해도 숨이 가쁘다. 음식물 쓰레기를 버리고, 수챗구멍을 닦아내고, 가끔은 행주를 삶아 빠는 것까지도 모두 설거지라는 이름에 들어가는데, 남편은 '그릇을 씻는 것'만 설거지라고 하니 기가 막힐 노릇이다. 잔소리하다가 폭발하는 날이 온다.

어느 날은 남편이 옆집 아저씨와 마당에 앉아 이야기를 나누는데 어이가 없다. "해도 욕먹고 안 해도 욕먹으니, 그냥 안 하고 욕먹는 게 낫지요!" 옆에 앉으신 옆집 아저씨께서 한마디 더 거드신다. "처음부터 잘해야 해! 나처럼 처음부터 안 했어야지."

몇 번의 싸움 끝에 작전을 바꾸었다. 그릇만 씻더라도 "해줘서 고마워.", "오빠가 최고야.", "우리 남편은 설거지도 잘한다."고 추켜세우기로 했다. 그러고 나서 "어머! 내가 여기 물만 닦아도 되니까 좋다." 한마디 덧붙여주기로 했다. 옆집 아저씨와의 황당무계한 대화를 들어도 아랑곳하지 않았다. 같은 성인이, 같이 밥해 먹고 설거지를 하는데 이렇게까지 우쭈쭈 해야 하나 싶지만 그래 봐야 내 몸만 불편하니 남편에게 말이라도 상냥하게 할 수밖에 없다. 말만 잘해도 몸이 편해질 수 있다! 아마 남편은 나를 위해서 더더욱 설거지에 최선을 다할 것이다.

사실 옆에서 잔소리하는 것보다 내가 하는 게 더 빠를 때가 많다. 내가 하면 몸은 힘들어도 내 마음대로 할 수 있고, 주방도 훨씬 깔끔해서 두 번 손 갈 일이 없기 때문이다. 마음에 안 들면 잔소리하고, 잔소리하다가 남편이 "아, 그럼 네가 직접 해!"라고 말하면 "그래, 내가 할게."라고 답하면 된다. 화는 나겠지만 내가 하면 된다.

"공부해."라는 말 대신

그런데 아이와의 관계에서는 아니다. 차라리 엄마가 대신 공부하는 것이 빠를지도 모른다. "이렇게 할 거면 당장 때려치워.", "똑바로 해야지 이게 뭐야!"라고 하는 순간 아이는 "그럼 엄마가 하세요."라는 말이 목구멍까지 차오를 것이다. 설거지하고 요리하는데 시어머니께서 "이건 이렇게 하고, 저건 저렇게 해야지." 하고 잔소리하신다면 아마 속으로 '그럼 어머님이 직접 하시지.'라는 생각이 절로 들지 않을까?

공부해도 뭐라 하고, 안 해도 뭐라고 하면 아이는 공부에서 손을 놓을지도 모른다. 공부는 누가 대신해줄 수가 없다. 아니, 대신해줄 수 있다고 해도 십여 년간 해온 공부를 또다시 아이를 위해서 해줄 마음도 없다. 그러면 엄마는 이때부터 말을 잘해야 한다. 우리도 부모님 밑에서 애지중지 컸지만, 이제는 한 손에 애 한 명 안고 다른 손으로는 요리도 번쩍 해내는 슈퍼맘이 되었지 않은가. 해야 는다. 남편도 설거지하다 보면 는다. 공부도 마찬가지다.

아이가 어릴 때부터 공부를 잘할 거라는 생각을 버려야 한다. 학교 선생님들은 매일 아이들을 만나다 보니 '이 정도면 이 나이에 잘하는구나.' 하고 아는데, 엄마들은 같은 또래 아이를 SNS에서 본다. 그곳에는 정말 특출나게 자랑할 만한, 학교에서 한두 명 있을까 말까 한 아이들의 사진만 올라온다. 학교에 와서 보면 평균을 정확히 안다. '내 아이가 이 정도 수준이면, 다른 아이도 이 정도 수준이겠구나.' 하고 생각하면 그게 맞다.

공부를 처음부터 잘할 수는 없다. 아이에게 사탕도 먹이고, 과자

도 먹여가며 "이 정도면 잘한다.", "내일은 더 잘할 거다."라고 말해
줘야 한다. 그래야 때려치우지 않는다. 아이들이 하는 공부의 노력
을, 결과가 아니라 행동으로 칭찬해주어야 한다.

"와, 너무 잘한다."
"9세 중에선 네가 제일 잘하는 것 같아."
"이 정도면 정말 잘하는 것 같은데?"
"30분이나 공부했어. 그만해야 해! 이제 쉴 시간이야."

말 한마디만 잘해도 아이들은 공부를 한다. "조용히 해라."라고
하기보다 "연수가 정말 조용히 잘하네!"라고 한마디하면 모두가 칭
찬받고 싶어 교실이 조용해진다. "글씨가 이게 뭐니? 다시 써와!"라
고 꾸짖기보다 "이 글씨는 정말 잘 썼네! 이렇게 잘 쓸 수 있네!"라
고 칭찬하는 것이 바른 글씨를 쓰게 하는 더 좋은 방법이다. 아이들
은 잘하고 싶어 한다. 그런 마음을 잘 읽고, 작은 칭찬을 해서 행동
을 지속하도록 이끌면 된다. 내가 수년간 써왔고, 성공한 방법이니
믿어도 된다.

아이들이 어릴 때는 자신을 위해서 공부하지는 않는다. 아직 그
걸 알 나이도 아니다. 일단 엄마가 시켜서 하기는 하는데, 엄마가
즐거워해야 지속할 마음이 생긴다. 월급 받고 하는 일도 하기 싫다.
아이들에게 공부는 일이다. 돈도 안 받고 하는 일을 혼나면서까지

하고 싶은 마음이 들까? 아이가 부족하지만, 공부를 스스로 잘 해냈을 때 엄마의 한마디는 다음 공부를 지속하게 하는 힘이 된다. 말 한마디로 내적 동기를 만들어줄 수 있다. 열심히 한 것을 알아주는 엄마의 말이 아이를 더 잘할 수 있게 만든다. 다시 한번 도전해볼 용기를 준다.

남편에게 줄 선물을 고심해서 골랐는데 남편 반응이 시큰둥하다 못해 뭐 이런 걸 돈 주고 사 왔냐고 하면 기분이 나쁠 것이다. 아이들도 마찬가지다. 엄마가 좋아할 것이라 생각하고 공부했는데, 돌아오는 말이 비난이라면 아이는 공부를 지속할 이유가 없다.

피아노 학원에서 대회를 나가는데, 아이가 집에서 연습을 안 하고 있다. 그럴 때는 "연습하기가 힘들지? 힘들 때는 약을 먹는 거야!"라며 사탕도 입에 물려주고 "입에 사탕이 다 녹을 때까지만 연습해보자."라고 독려해주자.

그러면 아이가 내적 동기를 만들어 스스로 할 힘이 생긴다. 나머지는 아이가 알아서 한다. 아이에게 말해보자. "힘들지? 맞아. 공부는 힘들어. 엄마도 어릴 땐 20분 앉아 있기도 힘들었어. 이 정도면 잘한 거야!" 그러면 아이는 '공부는 힘든 게 맞구나. 남들은 쉽게 잘하는 것 같은데 아니구나. 그렇지만 나도 잘하고 있구나!'라고 생각한다. 말만 잘해도 아이가 앉아서 스스로 공부하는 모습을 볼 수 있다. 내적 동기는 이러한 마음에서부터 출발한다.

13

계획성을 키워주려면
장보러 가세요

"다 했어?"

"아니. 아직 못했어."

"언제 다 하려고 그래? 계획표는 폼으로 만들어둔 거야?"

"엄마가 만든 거잖아."

아이들과 학습계획표, 체크리스트를 만들어 활용하는 엄마들이 많다. 그런데 그 학습계획표는 아이들이 스스로 필요해서 만드는 가? 아니면 엄마가 만든 것인가? 학습계획표와 체크리스트를 짜야 하는 이유가 무엇일까? 아이들이 체계적으로, 그리고 스스로 공부 하기를 바라서다. 습관을 만들어 아이들이 알아서 공부하기를 바라는 마음, 그리고 엄마가 잔소리하지 않아도 빼먹지 않고 알아서 했으면 하는 마음이다. 물론 엄마가 시키고 싶은 공부와 문제집, 영어 공부로 채워진 계획표일 것이다.

같은 학습계획표도 스스로 짠 것은 3일이라도 지켜보려 하지만, 엄마가 짜준 것은 글쎄다. 아이들과 도덕 수업을 하면서 엄마가 방 청소 좀 하라고 할 때 열심히 하고 싶지 않은 이유가 '시켜서'라고 했다. 심지어는 우리 반에서 가장 성실하고, 정리를 잘하고, 공부 잘하는 모범생의 발표라 인상 깊었다.

"제가 청소하고 싶어서 하면 정말 열심히 할 마음이 생기는데, 엄마가 시켜서 하면 하기 싫어서 대충하게 돼요."

아이가 하고 싶어서 해야 한다. 체크리스트를 스스로 만들게 하려면, 그 편리함과 유용성을 아이들이 직접 깨달아야 한다. 그러기 위해선 공부 외의 것들로 계획표를 짜고, 실행하고, 그 효과를 아이와 직접 경험해보자.

아이들의 학습이 유의미한 경험과 연결되면 시너지 효과가 생긴다. 가령 아이가 한글을 배우는데 '가지', '코끼리'처럼 아이의 생활과 동떨어진 단어로 시작하면 아이는 학습의 필요성을 느끼지 못한다. 살면서 아이가 코끼리라는 단어를 써볼 일이 얼마나 될까? 하지만 아이의 물건에 이름을 직접 쓰게 하면, 아이는 한글을 배울 필요성을 스스로 느낀다. 이름을 써서 물건의 소유를 나타낼 수 있고, 이름을 쓸 수 있는 능력이 필요하다는 것을 스스로 깨우치므로, 다른 한글도 더 배우고 싶어 한다.

마찬가지로 체크리스트를 학습과 연관 지어 만들면 아이들은 필요성을 크게 느끼지 못한다. 왜냐하면 아이들은 공부를 잘하고 싶어 하지만 공부하기를 싫어하기 때문이다. 하기 싫은 공부를 위해 체크리스트를 만드는 수고를 굳이 할 필요가 없다. 어른들은 살면서 체크리스트, 메모, 계획표를 세우는 것이 얼마나 의미 있고, 계획을 실천하는 데 큰 도움이 되는지 잘 알지만, 아이들은 잘 모른다. 이것을 경험하게 하려면 같이 장을 보자.

책 읽을 시간이 없으면 마트로

"책을 많이 읽게 하고 싶으면 부모가 책 읽는 모습을 보여라." 이런 이야기를 많이 들어보았을 것이다. 물론 나도 교사로서의 체면이 있어 그런 이야기를 하고 싶긴 한데, 말이 안 되는 이야기다. 엄마들을 진짜 몰라서 하는 이야기인 것 같다.

애들 챙기고, 씻기고, 먹이고, 재우고, 치우고, 밥하고 그리고 잠깐 쉴 때 휴대전화 들고 뭐 엉뚱한 것을 하진 않는다. 애들 책은 누가 사고, 곳간은 누가 채우나. 아무거나 검색해서 살 순 없다. 최저가도 비교하고, 핫딜 카페, 공구 일정에 맞춰서 싸게 사야 한다. 그리고 엄마도 좀 쉬어야 한다. 애 잘 때 친구들과 밀린 카톡도 하고,

맘카페에 들어가서 동네 정보도 알아내야 한다. 중고 마켓에 들어가 아이에게 필요한 물건이 올라와 있는지 확인도 해야 한다. 엄마는 현실 공간에서도, 스마트폰 속 공간에서도 끊임없이 육아하고 있다.

그래서 책 읽는 모습을 보여주고 싶을 때 나는 요리책을 읽는다. '정보를 얻으려면 책을 먼저 찾아본다.'는 것을 알려주기 위해 서점에 가서 요리책을 같이 고른다(인터넷이 더 저렴하지만, 서점에서 책을 고르고 사는 즐거움의 값으로 지불한다). 아이가 먹고 싶은 음식이 가득한 요리책을 고르고, 마트 가기 전에 아이와 함께 요리책을 보면서 "먹고 싶은 것 골라 봐."라고 말하는 식이다. 사실 동영상을 검색해 요리하는 편이 훨씬 편하고, 또 주부 경력이 쌓이면 요리책은 필요가 없는데, 그래도 주방 한 편에 요리책을 폼으로 펼쳐둔다. 사실 엄마가 책을 읽는 멋진 모습을 보여야 할 것 같지만 스마트폰 대신에 지류를 본다. 이것만으로도 아이에게 충분하다.

아이와 함께 요리책을 골라 펼치고 말한다. "일주일 동안 먹고 싶은 거 골라서 적어놔. 재료 보고 뭐 필요한지도 적어두고. 다하면 시장 보러 같이 가자." 메뉴 고민도 덜고, 장보기 목록도 해결하고 일거양득이다. 아이가 알아서 일주일치 식단표를 만들기도 하고, 번호를 매겨 적기도 할 것이다. 각각의 메뉴에 필요한 재료들을 적고, 겹치는 재료들을 알아서 가려내어 장보기 목록을 만든다. 장을 보러 가서는 아이에게 목록을 직접 지우게 한다. 구매한 목록을 지워나가며 체크리스트를 어떻게 만들고, 어떻게 사용하는지를 깨닫게 하는 방법이다.

나가기 귀찮으면 온라인 마켓에서 직접 검색한 후 장바구니에 담아보라고 하는 것도 좋다. 8만 원가량 나왔으면, "10만 원에 맞출 수 있게, 나머지 2만 원은 네가 먹고 싶은 간식 검색해서 담아봐!"라고 하면 아이와 마트에서 충동구매할 일도 적어진다. 경제 관념은 덤으로 얻을 수 있다. 이렇게 메모와 체크리스트를 생활에서 경험하게 하고 난 뒤 이를 학습에 적용하자. 엄마가 시키지 않아도 공부하기 전에, 알아서 적고 있는 모습도 볼 수 있다. 첫째는 할머니 집으로 가는 기차역에서, 뭘 하나 보았더니 할머니 집에 가서 할 일을 적고 있었다. 챙겨봐야 할 텔레비전 프로그램 목록까지 야무지게 챙겨서 적어두었다.

냉장고나 현관에 요일별로 엄마가 해야 할 일을 적어두자. 달력도 좋다. 엄마가 하는 모습을 보고 아이가 필요성을 느끼면 스스로 따라 하게 된다. 공부를 위한 계획이 아니라 아이가 계획적인 삶을 살아가는 데 필요한 계획표를 함께 만들고 실천해보자. 아이가 풀어야 할 문제집, 해야 할 일들을 같이 이야기 나누고 적어보자. 월요일부터 일요일까지 해야 할 일들을 나눠보고, 스스로 작성해보게 한다. 그 안에는 텔레비전 보기, 영화 보기, 나가서 놀기, 문구점 가기, 먹고 싶은 메뉴 등등 아이의 일상생활과 관련된 항목도 꼭 넣어야 한다. 놀고, 쉬고, 먹고, 공부하는 모든 것이 아이가 할 일이다.

"왜 나만 해야 하는데? 왜 엄마는 안 하면서 우리 보고만 하라고 하는데?"

아이가 이렇게 묻는다면 왜 자신만 계획표를 세워서 지켜야 하느냐는 말이다. 아이도 안다. 공부는 자신이 할 일이고, 엄마가 할 일은 공부가 아니라는 것을 말이다. 엄마도 계획표를 세워서 지켜보자. 다음 페이지에서 작심삼일 가족 계획표를 함께 짜보기를 추천한다. 스스로 학습량을 정하고, 해야 할 일들을 정하고, 하나씩 지워나가는 성공 경험으로 계획성 있는 삶을 살 수 있게 도와준다.

프랑스 가정에서 실천하는
작심삼일 가족 계획표

우리는 무언가를 시작하면 꾸준히 해야 한다고 생각한다. 맞는 말인데 어렵다. 작심삼일이라는 말은 옛날 옛적부터 많은 사람이 어떤 결심을 하고도 3일을 지키기가 어렵다고 증명했다는 것이다. 그러니 우리 아이가 무언가를 시작해 3일을 못 넘기는 것도, 매일 저녁 아이를 혼내지 말아야겠다고 다짐했다가도 그다음 날 눈뜨자마자 소리치는 엄마의 모습도 모두 지극히 정상이다. 엄마에게 방금 눈물 콧물 쏙 빠지게 혼나고서도 뒤돌아서 다 잊어버리는 것이 아이들이다. 그만큼 기억도 잘 못하기 때문에 결심을 지켜내기도 어렵다. 어떤 면에서는 감사하고, 어떤 면에서는 속이 터진다.

작심삼일을 열 번 하자. 그러면 한 달이 된다. 3일마다 계획을 함께 세우고, 3일 동안 해야 할 일만 계획하자. 한 달짜리 학습계획표를 짜놓고 아이에게 매일 지키라고 하면 누가 할 수 있을까? 엄마도 마찬가지다. 자녀교육서를 읽고 며칠은 따르지만 살다 보면 쉽지 않다. 그럴 때는 또 다짐하면 된다. 아침에 다짐해서 하루에 두 번 혼낼 것을 한 번 혼내면 어제보다 좋은 엄마다. 작심삼일이라도 계속 지켜내며 아이가 스스로 할 수 있게 돕자. 엄마가 아이의 일에서만큼은 조금 게으르게, 그렇지만 현명해지면 된다. 그러면 아이들은 잘 자란다.

처음 프랑스에 와 가장 생소했던 아이 학교 준비물은 '어젠다agenda'라는 것이다. 우리나라로 치면 알림장 같은 것인데, 어른들이 쓰는 다이어리에 가까운 형태였다. 매일 날짜를 쓰고 알림장을 적는 것과는 달리 1년의 날짜가 모두 적혀 있고 해당하는 날짜에 시험 보는 날이나 과제를 적는 것이 신선했다. 어젠다를 사러 가서 눈에 띈 것이 있었으니 패밀리 어젠다family agenda다. 엄마, 아빠, 아이가 각자의 수첩에 각자의 계획을 세우는 것과 달리 가족 모두가 하나의 어젠다에 서로의 계획을 공유할 수 있도록 해놓은 점이 인상적이어서 나도 하나 사서 잘 쓰고 있다. 내가 소개할 작심삼일 가족 계획표는 프랑스의 패밀리 어젠다를 참고했다.

아이의 문제집 풀이 계획이나 학원 스케줄, 친구와의 놀이터 약속은 물론이고, 엄마와 아빠의 공과금 납부 일정, 개인적인 약속이나 회사

스케줄과 같은 일정도 함께 공유한다. 특히 '하루에 3번 사랑한다고 말해주기'와 같은 엄마의 계획, '출근할 때 꼭 뽀뽀해주고 가기'와 같은 아빠의 계획도 적어놓고 서로 지켰는지 감시(?)하며 응원한다.

처음에는 매일 아이와 함께 정해보자. 엄마는 엄마가 해야 할 일, 아이는 아이가 해야 할 일을 정하고, 저녁에 돌아와서 아이와 이야기를 나누어보자. "오늘 엄마는 5가지 해야 할 일 중에 3가지는 했는데, 2가지는 못했어. 그건 저녁 먹고 하려고. 너는 다 했어?" 다 못한 것을 그날 저녁에 함께 해결하며, 내일은 무엇을 할지 생각해보자. 엄마는 엄마의 일을 정하고 아이는 아이의 일을 정하면 된다.

공부해야 할 분량을 턱없이 많이 잡아도, 지켜보고 격려하자. 다 못했으면 "분량이 너무 많았던 것 같아. 조금 줄여보면 어떨까?" 하고 아이가 조절할 수 있게 도우면 된다. 매일 하던 계획 세우기를 아이가 조금 크면 이틀로, 사흘로 늘리고 그렇게 아이가 커가는 속도에 맞추어 점차 늘려보자. 엄마는 아이를 지켜보기만 하면 된다. 계획표에 적을 수 있는 내용은 무척 다양하다.

엄마: 하루에 3번 사랑한다고 말하고 안아주기

아빠: 퇴근 후 20분간 아이들과 놀아주기

큰딸: 엄마가 부르면 화내지 않고 대답하기

작은아들: 유튜브 20분 보고 바로 끄기

아이들과 중장기적인 계획을 세우려 하지 말자. 아이에게 계획을 세우고 지켰을 때의 뿌듯함만 알려주면 된다. 주의할 점은 "약속 지키면 장난감 사줄게!"와 같은 이야기는 절대로 피하자. 모두 함께 계획을 지키고, 저녁을 함께 먹는 시간에 "우아, 우리 가족 정말 대단하다! 내일 지킬 약속도 생각해보자.", "우아, 엄마 대단하지! 엄마 오늘 약속 지켰어. 칭찬해줘."라며 따뜻한 말 한마디를 나누면 된다.

아이가 스스로 공부하는 모습을 보고 싶다면 사전 준비운동이 필요하다. 바로 계획표 쓰기다. 아이가 어리다면 매일 저녁에 그다음 날 지켜야 할 약속을 가족 계획표에 적고 지켜보자. 취학 전이라면 1일, 초등학생이라면 3일은 지킬 수 있다. 3일 후에 모두 성공할 경우 ☆에 색칠한다. 다음은 예시다.

23.12.22 ~ 23.12.24				모두 성공! ★☆☆			
아빠	1일	2일	3일	**엄마**	1일	2일	3일
20분 놀아주기	✓	✓		30분 걷기	✓	✓	✓
자기 전 책 2권 읽어주기		✓	✓	빨리 하라는 말하지 않기		✓	
출근할 때 모두 안아주기		✓		가족 모두 3번 안아주기	✓	✓	✓
첫째				**둘째**			
독해 문제집 2장 풀기	✓	✓		누나 물건 쓰기 전에 물어보기	✓	✓	
수학 문제집 2장 풀기		✓		유튜브 30분 보고 스스로 끄기		✓	
동생들에게 사랑해 말하기		✓	✓	책 읽기 20분	✓	✓	✓
막내				**가족**			
방에서 혼자 자기		✓	✓	집 나갈 때 불 끄기		✓	
포크 대신 젓가락 쓰기	✓	✓	✓	밥 먹고 설거지통에 그릇 넣기		✓	✓
1~5까지 숫자 세기	✓	✓	✓	아침밥 함께 먹기	✓	✓	

Special Event	아이들이 듣고 싶은 말	엄마가 듣고 싶은 말	아빠가 듣고 싶은 말
• 22일 월급날 • 24일 첫째 학원 등록, 아빠 회식	• 잘했어. • 시험 못 봐도 괜찮아.	• 괜찮아? • 엄마, 사랑해.	• 아빠, 사랑해. • 보고 싶었어.

아이가 계획표의 효과를 스스로 깨우치면, 공부하기 전에 스스로 계획을 세우는 모습을 볼 수 있다. 이는 학습 목표와 시간, 성취도를 효과적으로 관리하는 든든한 자기주도 학습 나침반이 되어줄 것이다. 다음의 양식을 복사하거나 그려서 써보자.

날짜:

아빠	1일	2일	3일
	☐	☐	☐
	☐	☐	☐
	☐	☐	☐

첫째	1일	2일	3일
	☐	☐	☐
	☐	☐	☐
	☐	☐	☐

막내	1일	2일	3일
	☐	☐	☐
	☐	☐	☐
	☐	☐	☐

Special Event	아이들이 듣고 싶은 말

	모두 성공! ☆ ☆ ☆		
엄마	1일	2일	3일
	☐	☐	☐
	☐	☐	☐
	☐	☐	☐
둘째			
	☐	☐	☐
	☐	☐	☐
	☐	☐	☐
가족			
	☐	☐	☐
	☐	☐	☐
	☐	☐	☐

엄마가 듣고 싶은 말	아빠가 듣고 싶은 말

3장

8-10세 초등 공부가
중고등 실력으로 이어지는
자발적 방관육아

초등 저학년의 매력이라면 단순함이다. 눈꺼풀만 뒤집어도 까르르 넘어간다. 똥이나 방귀 이야기면 게임 끝이다. 조금 더 크면 유명 래퍼의 가사를 적어와 쉬는 시간마다 외우고, 아이돌 그룹의 노랫말을 따라 부르겠다며 필사하기도 한다. 하고 싶고, 알고 싶고, 배우고 싶은 것이라면 부모가 시키지 않아도 정성을 쏟아 공부한다. 자기 주도성이란 기고, 앉고, 서고, 걷는 과정처럼 시간이 지나면 자연스레 생긴다. 이것을 일찍이 잘 키워주면 중고등학교에 가서 스스로 공부한다.

4~7세에 자기 주도성을 잘 만들어주지 못했다 해도 저학년 시기를 잘 이용하면 아이들은 금방 익힌다. 1학년 아이들은 1학기가 다르고 2학기가 다르다. 2학년과 3학년이 되면 천지 차이라 할 만큼 아이들이 달라진다. 1학기에는 바닥에 드러누워 교실을 기어 다니던 아이가, 매일 친구들과 싸움을 일으켜 쉬는 시간마다 친구들이 이르러 왔던 아이가 2학기가 되면 다른 아이가 된다. 공부가 재미없다던 아이가 "저 공부 좀 잘하는 것 같아요."라고 말하게 된다.

아이들은 스스로 공부하는 즐거움을 알면 공부를 더 열심히 하게 된다. 이제 막 입학을 앞둔 아이의 엄마이거나 저학년 엄마라면 지금부터는 작전을 바꾸어야 한다. 늦어도 1시 전후로 끝나는 학교생활을 잘 이용해야 한다. 집에서 아이가 충분히 생각하고, 배움을 깨우치고, 신체를 많이 움직일 수 있도록 시간을 충분히 주어야 한다. 시간을 재 문제집을 풀게 하거나, 학원에 가서 단기간에 성적이 오르는 것에 매력을 느껴서는 안 된다. 저학년은 성적을 확인하는 학년이 아니다. 중고등학교에 가서 공부할 준비를 하는 시기라고 생각해야 한다.

초등기에는 마음을 조금 내려놓자. 초등학교 성적은 어디에도 필요가 없다. 중고등학교가 올림픽이라면 초등학교는 태릉선수촌이다. 초등기는 아이들이 중고등학교에서 열심히 공부하기 위해 연습하고, 실패하고, 공부 근육을 만들고, 실패 근육을 만들며 시도해보는 시기다. 6년 동안 아이가 시행착오를 겪고 나면 중고등학교에 진학해 비로소 자신만의 공부법을 만들게 된다. 선생님들은 안다. 받아쓰기 100점을 받아도 공부로 오래가지 못할 아이와 받아쓰기 0점을 받아도 공부로 오래갈 아이가 눈에 보인다.

초등 1학년에 배우는 공부가 제일 중요하다. 이때 잘 다져두어야 12년의 공부 레이스를 무사히 완주할 수 있다. 유치원까지를 '유치원생'이라 부르고, 1학년부터는 '학생(學生)'이라 부른다. 공부하는 사람이라는 뜻이다. 이 시기부터 학교를 보내 공부를 시키는 이유는 이제 스스로 배우고 깨우칠 준비가 되었기 때문이다.

학교 교육 과정을 나선형 교육 과정이라고 한다. 달팽이 모양을 닮아서 붙인 이름인데, 조금 쉽게 설명하자면 나사에 비유할 수 있다. 나사처럼 빙글빙글 돌아가며 학습 범위를 확장하도록 교육 과정이 만들어져 있다는 이야기다. 맨 처음 나사를 바로 세우지 않으면 나사가 비뚤게 박힌다. 처음에 나사를 잘 찍어야 한다. 그 시점이 바로 저학년이다. 페이지를 넘겨 어떻게 점을 찍어야 하는지를 소개한다. 아직 우리 아이가 준비되지 않았다고 생각되면 나이와 상관없이 2장으로 돌아가 차근차근 실천하면 된다. 공부의 기초 체력을 단단하게 만들어두면, 지금 빨라 보이는 아이보다 나중에 훨씬 더 빠르게 달려나갈 수 있다.

14

준비물을 하나하나
챙겨주지 마세요

올해 8세인 첫째가 학교에서 코피가 났다고 했다. 엄마로서는 놀랄 일이지만 나는 차분하게 그래서 어떻게 했는지 물었다. 아이는 "화장실 가서 닦았어. 한 손으로는 휴지 뜯어서 막고, 다른 한 손으로 돌돌 말아서 코에 넣었어. 그런데 너무 크게 말아서 콧구멍이 엄청 커졌어." 아이의 말에 보건실을 가거나 선생님께 말씀드리지 그랬느냐고 반문하고 싶었지만, 나는 콧구멍이 엄청 커졌다는 말에 박수 치고 웃으며 말해주었다. "잘했어. 한 손으로 콧구멍 막을 휴지를 돌돌 말았다니 대단한데?"

아이에게 자기 주도성을 심어주는 일은 어쩌면 엄마가 아이에게서 한 발자국 떨어져 아이를 마음에서 놓는 연습을 하는 과정은 아닐까? 나라고 왜 아이 곁에 서서, 아이가 하는 모든 것을 도와주고 싶지 않을까? 그렇지만 학교에서 아이들에게 필요한 것은 '지금 내가 무엇을 해야 하는지' 인지하고, '스스로 행동하는 태도'다. 자기 주도성이란 학교에 와서 길러지는 것이 아니라, 학교에 오기 전에 가정에서 만들어져야 한다. 자기 주도성이 있어야 학교에서 지금 내가 해야 할 일을 알 수 있다.

지금 앉아 있어야 하는지, 서 있어야 하는지, 움직여도 되는지, 가만히 있어야 하는지, 숙제가 무엇인지, 내가 집에 가서 알아 와야 할 것은 무엇인지 스스로 알아내야 한다. 학교에는 엄마가 없다. 선생님은 엄마가 아니다. 하나하나 가르쳐주고 챙겨준다고 하더라도 한 번에 30명 가까이 되는 아이들을 다 챙겨줄 수가 없다. 한 명을 챙기면, 나머지 29명이 방치된다. 선생님은 30명을 동시에 챙겨야 하는 사람이므로, 앞에서 모두에게 설명하는 것을 아이가 잘 듣고 스스로 판단해 행동해야 한다.

"제가 아이 이름 쓰는 것도 안 가르쳐서 학교에 보냈어요. 너무 관심 없는 엄마는 아닌지 걱정을 많이 했는데, 그래도 공부를 곧잘 하는 모양이에요." 공부 잘하는 아이의 엄마들은 아이를 안 가르쳤다는 말만 한다. 정보를 알려주지 않으려고 하는 말인가? 아니면 자랑인가?

이름을 쓸 줄 모른 채 입학하는 아이가 있다. 한 아이는 학년 내내 모르는가 하면 한 아이는 '아, 이름을 써야 하는구나. 집에 가서 이름을 알아와야겠다.'고 생각한다. 전자는 엄마가 모든 것을 다 해결해준 아이, 즉 자기 주도성이 없는 아이다. 엄마가 이름 쓰기를 알려주지 않으면 알아야 할 필요성을 느끼지 못한다. 후자는 자기 주도성이 있는 아이다. 지금 학교에서 무엇이 필요한지 아는 아이이므로, 이름 쓰기를 시작으로 스스로 필요해서 배우고자 노력한다. 자기 이름 석자를 모르고 학교에 와도 공부를 잘하게 되는 아이다.

"애는 내가 안 해주면 아무것도 못 해. 내가 다 챙겨줘야 해."

엄마가 곁에서 챙겨주고 싶은 욕심에 둘러대는 핑계가 아닌지 생각해보자. 해주기 때문에 해야 할 필요성을 못 느끼는 것이다. 결핍이 있어야 채우려 한다. 고3 때까지 학원을 찾아주며 공부시킬 것인지, 아니면 자발적으로 방관하는 엄마가 되어 자기 주도성을 키워 줄 것인지, 그리하여 공부할 거리를 스스로 찾아오는 아이로 만들 것인지 잘 판단해야 한다. 다른 엄마들의 시선 때문에, 혹은 남들이 하니까 체면 때문에 그렇다면 다른 엄마들과 만나는 횟수를 줄이는 것도 좋다. 내 아이에게 충분한 시간을 주자. 친구들과 어울려 노는 것은 학교에서만으로도 충분하다.

내가 공부를 안 시킨 것은 아니다. 첫째와 둘째를 공부시키기 위해 여러 정보를 파악해놓고, 식탁 위, 책상 위 여기저기에 문제집을 두었다. 하지만 그것을 스스로 펼쳐보기 전까지는 하라고 말하지 않는다. 첫째는 늘 책상에 앉으면 계획부터 세운다. 그것이 일주일 단위든, 3일 단위든 본인이 세우고 싶은 만큼 세운다. 내가 사다 놓은 책이나 문제집을 펼쳐 할 수 있는 분량만큼 나누고 정리한다. 나는 아이가 푼 문제집을 채점해주고 "오늘도 했어?" 하고 놀라기만 하면 된다.

첫째 알림장은 앱을 통해서 받는데, 아이는 하교해서 나를 만나면 내일 가져가야 할 숙제가 무엇이고, 준비물이 무엇인지 알려준다. 그리고 나는 알림장에서 숙제를 확인해도 늦은 밤까지 아이에게 절대 묻지 않는다. 자기 직전에도 하지 않으면 "숙제가 있지는 않아?" 하고 묻는다. 없다고 하면 가서 혼나든 어쩌든 알아서 하라고 내버려두는데, 대부분은 생각해내어 졸린 눈을 비벼가며 숙제한다. 준비물은 스스로 챙기지 않으면 나도 챙기지 않는데, 한두 번을 제외하고는 직접 잘 챙겨 학교에 간다.

"학교는 네가 다니는 곳이지, 엄마는 너의 반 학생이 아니야."

키즈노트나 알림장으로 하나하나 말해주셨던 어린이집, 유치원 시절을 지나면 학교라는 곳에 적응해야 한다. 아이도 준비되어 있어야 하지만, 엄마가 먼저 준비되어 있어야 한다. 1학년에 입학하는 순간부터 아이를 마음에서 놓아야 한다. 안전을 위해 학교 앞에 데려다주고 데리고 오는 일 외에는 모든 것을 아이에게 맡긴다. 맡길수록 아이는 더 책임감을 가지고 학교생활을 한다. 수업 시간에 무엇이 이해가 안 되는지 말해주면, 나는 그에 맞는 문제집을 한 권 사서 가르쳐줄 뿐이다.

15

많이 놀아야
학교에서 잘 앉아 있습니다

"저희 아이 너무 산만하지요? 집에 오면 2시간이고 3시간이고 노
느라고 집에 안 들어와요. 학원도 안 보내고 정말 이래도 되는지 걱
정입니다."

학부모 상담에서 많이 듣는 이야기다. 정답부터 말하자면, 학교
밖에서 앉아 있는 아이는 학교에 와서 서 있다. 반대로 많이 놀고
온 아이들은 학교에 오면 앉아 있는다. 학부모 상담을 해보면 신
기하다. "어머니, 학교에서는 매우 잘 앉아 있는 걸요? 수업 태도
도 정말 좋아요." 집에서의 아이와 밖에서의 아이가 반대인 경우
가 많다.

엄마들의 끊임없는 고민이 있다. 이렇게 계속 놀려도 되나 걱정한다. 아이들은 놀면서 자라는 거라며 소신 있게 육아하던 엄마들조차 마음이 불안해지기 시작한다. 일단 미술 학원은 보내야 하지 않나 싶고, 그러다 보면 피아노도 시켜야 할 것 같다. 태권도 학원에서라도 움직여야 마음이 편하다.

학교에서 진득하게 앉아 공부하는 모습을 상상하며 문제집을 풀게 한다. 왜 집중을 못 하냐며 혼내기도 하고, 지루해하며 몸을 이리 비틀고 저리 비트는 아이에게 이럴 거면 하지 말라고 언성을 높이며 꾸짖기도 한다. 누구네 집 누구누구는 아침에도 일어나 앉아 공부한다는데, 우리 집 애는 왜 이럴까? 한시도 가만히 못 있는 우리 아이가 학교에서도 이러지는 않을까 걱정이 태산이다.

"우리 아이는 그럴 리가 없어요."

성적은 좋았지만, 학교에만 오면 괴성을 지르며 뛰어다니는 아이가 있었다. 학부모 상담을 하니 그럴 리가 없다고 하셨다. 내성적이라고 하셨다. 집에서 꼼짝없이 앉아서 책 읽고, 악기 연습하는 우리 아이가 그럴 리가 없다고 하셨는데, 이런 일은 학부모 상담에서 흔하다. 그 아이와 상담하면 대답은 한결같다.

"집에 가면 못 놀아요."

학교라는 공간이 밖에서 공부시킨 것을 잠깐 확인하는 곳이자, 우리 아이의 위치가 어디쯤 되는지 체크하는 곳처럼 느껴질 때가 있다. 학교는 공부하는 곳이다. 그러면 집은 쉬는 곳이어야 한다. 어른들도 일하고 돌아오면 집에서는 쉬고 싶다. 늘어지게 있고 싶다. 멋지게 차려입고 회사에 갔다 돌아오면, 집에서는 머리를 질끈 올려 묶고 세상 편한 옷으로 갈아입고 텔레비전도 좀 보고 누워 있고 싶다.

아이들은 어떤가? 아래층에서 쫓아올까 봐 집에서조차 발뒤꿈치를 들고 걷는다. 많은 엄마가 주택으로 이사하고 싶어 하는 가장 큰 이유가 바로 아이들이 집에서 걷는 것조차 조심시켜야 하기 때문이다. 아이들이 학교에서, 학원에서 마음껏 뛰어놀지 못하고 집에 와서도 맘 편히 걸음 걸을 수조차 없다. 아이들이 쉰다는 말은 누워서 쉰다는 의미가 아니다. 가만히 앉아 있는 것은 아이들에게 고역이다. 아이들에게 쉰다는 의미는 논다는 것이다. 신나게 뛰어놀아야 한다. 아이들을 놀게 해주려 학원에 보낸다는 엄마들을 본다. 아이들이 정말 그렇게 생각할까?

불안해하지 말아야 한다. 학교에서 보았다. 아이들은 많이 놀아야 학교에 와서 앉을 수 있다. 공부를 잘하는 아이들은 교과서만 가지고 공부했다고 하는데, 틀린 말이 아니다. 학교에서 공부하는 아이로 키우려면 더 많이 놀리자! 앞서 언급했던 신체 조절력에 관한 이야기를 좀 더 해볼까 한다. 수업 시간에 앉아 있는 행동은 신체 조절력과 관계가 있다.

엄마들은 학교에 가면서부터 무언가를 앉아서 해야 하지 않나 생각하겠지만, 이 행동은 신체 조절력이 갖추어져야만 가능하다. 방법은 간단하다. 규칙이 있는 신체 놀이를 많이 시켜야 한다. 자기 조절력을 기르는 가장 쉽고 간단한 방법이다. 엄마는 밖에 앉아서 쉬거나 놀이터 옆 운동기구로 운동하면서 지켜보면 된다. 아이들끼리 규칙을 세우며 서로 우기고 싸우면 '우리 아이의 조절력이 자라고 있구나.' 하고 생각하면 된다.

어른들의 규칙으로 만들어진 놀이, 단순한 재미를 위한 놀이, 학원에서 통제된 움직임이 아니다. 소유가 분명한 장난감 놀이도 아니다. 누구라도 참여할 수 있고, 놀이하는 동안에는 욕구의 불만이 없도록 놀아야 한다. 아이들이 규칙을 만들어나가고 그 안에서 자신의 몸을 움직이며 규칙에 순응하는 신체 놀이를 하려면 밖으로 데리고 나가서 놔두면 된다. 위험한 놀이를 할 때만 조심시키자.

조절력을 키우는 놀이를 하기 위해서는 바깥에 나가서 아이들끼리 놀이를 많이 하라고 권한다. 선생님에 의해서 놀이가 주도되는 환경은 수업이지, 놀이가 아니다. 아이들끼리 모여서 놀면 말도 안 되는 규칙에 따라야 하기도 하고, 새로운 규칙들이 계속 생겨난다. 놀이기구를 희한한 방법을 동원해서 타기도 한다. 그네를 2~3명씩 타기도 하고, 단체 줄넘기를 하며 다양한 규칙을 만들어낸다.

키즈카페에서 길러지지 않는다

신체 조절력을 키우는 가장 좋은 방법은 몸을 많이 움직이는 것이다. 그런데 엄마들이 착각하는 것 중 하나가 키즈카페에 가서 실컷 놀리거나, 체육 학원에 보내 몸을 많이 움직이게 하면 된다고 생각한다. 아예 움직이지 않는 것보다는 낫겠지만 단순한 즐거움을 위한 장난감 놀이나 쾌락을 목적으로 하는 재미 위주의 놀이는 신체 조절력을 길러주지 않는다. 오히려 산만함을 키우기도 한다.

수업 시간에 산만한 아이들은 신체 조절력이 부족해서인 경우가 많다. 특히 휴대전화를 가진 아이들이 많아지면서 아이들은 신체 조절력을 키울 기회조차 잃고 있다. 놀이터에 나가보면 고학년 아이들이 삼삼오오 모여서 휴대전화 게임을 하는 모습이 안타깝다.

아이가 어린 경우에는 휴대전화에서 눈을 떼고 주변을 맴돌자. 어린아이들의 숨바꼭질은 규칙에 순응해나가며 신체 조절력을 기르는 좋은 놀이다. 아이들이 커나가면 숨는 시간도 점점 길어진다. 아이가 어릴 때는 숨어 있다가 찾기도 전에 먼저 나와서 여기 있다고 말한다. 잡기 놀이를 하다가 잡으면 왜 잡냐며 눈물을 터뜨린다. 규칙을 이해하지 못했기 때문에 정상적인 행동이다. 점점 크면서 놀이가 복잡해진다. 규칙에 순응하게 되고, 몸을 움직이며 자신의 몸을 다루는 방법을 터득하며 신체 조절력이 자란다.

클수록 놀이의 규칙도 점점 복잡해진다. 단순한 '잡기 놀이'에서 '얼음 땡 놀이'로, 또 '무궁화 꽃이 피었습니다'와 같은 복잡한 놀이로 이어지고, 고학년이 되면 머리를 쓰는 놀이를 만들어내기도 한다. 아이들은 계속 놀아야 한다. 신체의 근육이 뒤집기에서 앉기, 걷기, 한발 서기 등으로 점점 발전하는데, 이는 그 근육과 신체의 움직임이 그 정도로 발달했기 때문에 가능한 것이다. 뒤집고 앉고 서고 걷기를 한 번에 할 수 없듯이 아이들은 자라는 동안 해야 할 놀이가 계속 있다. 친구들과 놀면서도 배우고 언니 오빠들과 놀면서도 계속 배워야 한다.

놀이터에 앉아 방관하라. 놀이기구에서 다치지 않도록 몸을 쓰는 방법을 스스로 터득하게 지켜보자. 부지런하게 키즈카페를 가거나 학원을 찾을 필요가 없다. 문구점에서 줄넘기 하나 사서 아이와 함께 놀이터로 산책을 가보자. 아이는 학교에서 잘 앉아 있게 될 것이다.

16

모른다고 하면
"모르는구나." 하세요

"모르겠다고? 엄마가 방금 설명했잖아. 방금 설명한 것도 모르면 어떡하자는 거야. 설명할 때 똑바로 들어야지! 무슨 딴생각을 하는 거야!"

친절하게 두 번이나 설명했지만, 아이가 이해가 안 되니 딴소리 한다. 분명 1분 전에 설명했는데 누굴 닮아 이러는지 속이 답답하다. 아무리 실력 좋은 선생님도 제 자식은 못 가르친다는데, 왜 "선생의 똥은 개도 안 먹는다."고 하는지 알겠다.

아이들의 마음속에 "모른다고 말하면 혼난다."는 말이 콕 박혀 있다. 학교에서도 아이들은 절대로 모른다고 하지 않는다. 엄마한테 혼난 것처럼 선생님께도 혼날까 봐 그렇다. 그런데 선생님은 아이들이 모른다고 해도 화가 나지 않는다. 수업 시간에 열심히 듣고 있었구나 싶어 기특하고, 질문하러 나오니 예쁘기도 하다.

"학교 가기 전에 한글 다 떼고 보내야 해? 어디까지 가르쳐서 보내야 하는지 모르겠어." 지인들이 질문해오면 이렇게 답한다. "아이가 선생님께 잘 모른다고 말할 수 있으면 안 가르쳐도 되고, 모른다고 말을 못 하면 한글을 가르쳐서 보내는 게 좋아." 부모가 공부를 가르치려면 고3 과정이 끝날 때까지 모두 가르쳐야 할 것이다. 계속 아이 곁에 종종거리며 모든 과목을 다 가르쳐줘야 할지도 모를 일이다. 아이가 크는 동안 과목별 학원을 찾아다니며, 아이 공부에 엄마도 함께 달려야 한다는 소리다.

아이가 모르는 것을 인정해주어야 한다. 학교에서 "잘 모르겠어요."라고 말할 수 있는 아이로 키워야 한다는 말이다. 모른다고 하는 아이를 그냥 두고 넘어가는 선생님은 없다. 기초 학습지를 만들어 이해될 때까지 설명하고 또 설명한다. 함께 일하는 선생님 중에는 스스로 보충수업을 자처하며 아이를 남겨 공부시키는 선생님도 많다. 아이가 원한다면 선생님은 모든 것을 가르쳐준다. 이렇게 아이가 학교에서 스스로 공부해야 엄마도 지치지 않고 오래 나아갈 수 있다. 엄마는 정말 필요할 때 도와주면 된다.

공부에서 가장 중요한 핵심은 모르는 것을 모른다고 아는 것이다. 이것이 메타인지다. 새로운 지식을 쌓아나가는 것이 아니라 모르는 것을 줄여나가는 과정을 공부라고 하는데, 그러려면 내가 무엇을 모르는지를 정확히 알아야 한다. 아이가 모른다고 하면 '우리 아이의 메타인지가 잘 자라고 있구나.', '우리 아이는 똑똑하구나.' 하고 생각하면 된다. 몰라야 알고 싶고, 알려고 노력해야 알게 되므로 언제까지 모를지 속 쓰려도 혼내지 말자. 아이들은 스무 번, 서른 번 말해도 모른다. 알려주고, 설명하고, 예를 들고, 반복하며 스스로 개념을 깨우칠 때까지 설명해줘야 하는데, 자신이 없다면 학교에 와서 선생님께 배우고 물어볼 수 있도록 하면 된다.

나는 교실에서 아이들이 모른다고 할 때 말해준다. "참 똑똑하다! 모르는 것을 모른다고 말하는 것을 메타인지라고 하는데, 똑똑한 사람만이 그걸 알 수 있어!" 모른다고 하면 혼날까 봐 걱정하던 아이들이, 끊임없이 질문하고 모르는 것을 가지고 나와 물어본다. 수업 중간에도 "잘 모르겠어요. 이건 어떻게 하는 거예요?" 하고 묻는다. 숫기가 없고 내성적인 것과는 다른 문제다. 내성적인 아이들은 앞에 나와 소곤소곤 물어보고, 외향적인 아이들은 앉은자리에서 큰소리로 물어본다. 아이들이 학교에서 질문할 수 있도록 가정에서도 도와주어야 한다.

과학 영재 학급에 온 과학부진아

"은아 선생님, 오늘 영재수업 있어요? 힘드시겠네요."

"네, 힘들어도 힐링돼요!"

영재 학급 담당교사는 방과 후에 남아 아이들을 따로 지도해야 한다. 정규 수업을 모두 마친 후, 2~3시간가량 연속으로 아이들을 가르쳐야 하는데, 힘들 것 같지만 그렇지 않다. 교육청이나 다른 학교에 출강을 가야 할 경우에는 시간에 쫓겨 체력적으로 힘든 것은 맞지만, 정신적으로는 힐링되는 시간이다.

아이들은 어려운 과제에 도전하는 것을 좋아하고, 내가 가르쳐주지 않아도 스스로 찾고, 공부하고, 서로 묻고, 가르치며 과제를 해 낸다. 누구 하나 대충하는 법이 없고, 어렵다고 해서 포기하는 아이도 없다. 내가 할 일은 과제를 수행할 수 있도록 적절한 질문과 과제 수행에 필요한 몇 가지 도구를 준비해주는 것뿐이다. 과제를 수행한 후에 발표를 듣는 일은 꽤나 신선하다. 아이들의 생각으로 풀어낸 과제들이 어른의 생각으로는 할 수 없는 것들이 많다.

영재반 선발 시험을 보면 영재라기보다는 공부를 곧잘 하는 아이들이 올 때가 많다. 문제를 정확히 이해하는 아이도 몇 되지 않고, 점수를 제대로 받는 아이도 몇 명 없다. 하지만 빈칸이 없다. 틀려도 무엇이든 적어낸다. 비록 점수가 낮더라도 영재 학급에 시험을 보러 왔다는 용기만으로도 나는 칭찬하고 싶다.

그렇게 선발된 아이들은 각 반에서 공부를 잘하는 아이들인 경우가 많은데, 이 아이들을 모아두고 공부를 가르치는 일은 사실 교사로서는 행운이다. 공부할 준비가 된 아이들은 가르치면서도 신이난다. 배움을 즐거워하는 아이들, 어려운 과제에 도전하는 것을 즐기는 아이들, 눈빛이 반짝이는 아이들은 공부를 대하는 태도가 다르다.

10여 년 전 영재 학급 강사를 했을 때 한 학생이 수업 내용을 버거워했다. 중도 포기를 할 거라 생각했지만 아이는 끝까지 해냈다. 수업 시간마다 모른다고 말했고 부끄러워하지 않았다. 영재 학급이어서 웬만히 잘한다는 아이들이 모두 모였는데, 잘 모르겠다고 말하고 도와달라고 하는 모습이 기특했다. 어떻게 해서든 아이가 발표할 수 있게 도왔고, 아이는 끝내 수료했다. 이것이 바로 학습 태도다. 메타인지가 발달했고, 배움의 동기가 확실했으며, 와서 배울 수 있는 만큼 배웠고 성장했다.

"당연히 모를 수 있지." 엄마는 아이에게 이렇게 말해주어야 한다. 아이가 중학교만 가도 엄마가 도와줄 수 있는 부분이 현저히 줄어든다. 모든 과목이 어려워지기 때문이다. 엄마가 도와줄 수 있을 때부터 서서히 아이에게 맡겨야 한다. 초등학교 때 성적이 중학교, 고등학교로 저절로 연결되지 않는다. 학업 성적이 크게 중요하지 않은 초등 시기에 스스로 공부하는 방법을 연습한다고 생각하면 좋겠다. 모르는 것이 있을 때 모른다고 묻고, 모르는 것을 알고자 하는 아이로 키워주자.

손가락으로 덧셈하는 아이
그냥 두세요

초등 3학년인데 아직 손가락으로 덧셈하는 아이가 있다. 수업 시간에는 행여나 들킬까 봐 책상 아래에 손을 숨기고 빠르게 선생님의 위치를 살피는데, 순회 지도(교실을 돌며 한 명씩 지도하는 것)를 하면 옆에 올까 봐 두근두근 긴장하는 모습이 보인다.

"손가락으로 덧셈을 많이 해야 해. 부끄러운 것 아니야. 당당하게 책상 위에 손 올려놓고 해도 돼! 손을 많이 사용하면 나중에 수학 잘하게 돼."

아이들이 깜짝 놀란다. 엄마는 그렇게 하면 "아직도 너 손가락으로 덧셈하니?" 하며 혼낸다는 것이다. 손으로 하면 빠른데 엄마 눈치가 보여서 못한다고 말이다. 구구단을 못 외우는 아이가, 스케치북 뒷면에 적힌 구구단을 몰래 보며 적고 있기에 올려두고 봐도 된다고 했다. 지금 구구단을 찾아본다는 것은 구구단이 필요한 상황임을 알고 있으므로, 이미 그 단원 내용을 잘 파악하고 있는 것이다. 구구단을 외우는 것은 나중에 해도 된다.

아이가 암산, 연산을 잘하게 하려고 애쓰지 말자. 아이들을 계산기로 만들 산수를 시킬 것이냐, 아니면 문제를 이해하는 수학을 시킬 것이냐를 판단해야 한다. 어디에 중점을 둘 것인지 목표를 명확하게 해야 하는데, 듣기만 해도 후자를 시켜야겠다고 느낌이 온다. 산술적 계산을 시킬 요량이라면 연산 문제집으로 연습하면 된다. 수학을 시킬 거라면 그냥 두면 된다. 손가락으로 덧셈하고 있다는 것은 아이가 문제를 읽고 덧셈의 의미를 잘 알아서 적용하고 있다는 뜻이다. 아이가 해야 할 것은 두 수를 더하겠다는 의미를 깨닫는 것이지, 이것을 정확하게 계산하는 것이 아니다.

아이들에게 먼저 기호를 알려주어서는 안 된다. 수학적 기호는 그림일 뿐이다. "2명이 탔는데 3명이 더 탔습니다."라는 긴 말을 간단히 '2+3'으로 바꾼 것뿐이다. 아이들은 2명이 탔는데 3명이 더 탔으니 '손가락으로 2와 3을 더한다.'는 것만 알면 된다. 이것을 '+'를 이용해 기호화한 게 덧셈식이다.

더한다는 의미를 충분히 알고 난 다음에 손가락으로 열심히 계산하고, 더하기라는 기호를 사용하면 계산 속도가 저절로 빨라진다. 이것을 거꾸로 할 수는 없다. 이미 기호화하여 다 안다고 생각하기 때문이다. '2×3'의 의미를 알려주려고 해도 이미 머릿속으로 구구단을 외워 6을 계산하고 있다. 받아들이기가 어렵다.

구구단을 몰라야 수학이 된다

도형의 넓이는 '밑변×높이'로 계산한다. 우리는 암기했지만, 이는 공식이 아니다. 도형을 1만큼 똑같이 나눈 뒤 모두 더하면 넓이가 된다. 가령 밑변이 3, 높이가 2인 도형의 넓이는 3×2가 아니라 밑변 3을 셋으로 똑같이 나누고, 높이 2를 둘로 나누어, 넓이가 1인 사각형이 몇 개나 들어가는지를 구하면 그것이 넓이가 된다. 도형이 넓으면 덧셈 과정이 복잡해지므로, 구구단을 이용하게 되는 것이다.

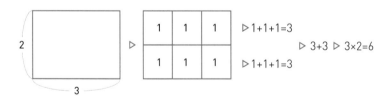

그림을 주고 넓이를 물으면 손가락으로 더하는 아이는 구해낸다.

반면 구구단을 연산으로 암기한 아이는 어떻게 곱셈으로 나타낼지를 고민하다 결국 풀어내지 못한다. 똑같은 문제를 초등학생은 풀었지만, 서울대 학생들은 풀지 못했다는 웃지 못할 이야기가 있다. 알고 있는 공식에 넣어서 풀려고 했기 때문이다.

초등 수학은 1학년 1학기에 나오는 '가르기'와 '모으기' 하나면 끝난다. 잘 가르고 잘 모으면 덧셈과 뺄셈이 된다. 도형에 적용하여 도형의 넓이를 구하고, 가르고 모아 시간을 계산하고 길이를 구하면 된다. 숫자만 커질 뿐 가르기와 모으기로 끝난다. 1학년 때 수학을 연산으로 암기하면 안 되는 이유가 여기에 있다.

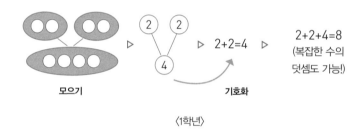

〈1학년〉

'2+2=4'를 깨우친 아이는 '2+2+4'처럼 복잡한 수의 덧셈도 쉽게 풀 수 있다. 가령 '3+9+7'의 값을 내야 한다면 아이는 어떻게 모을지 스스로 결정할 수 있다. 3과 7을 먼저 모아서 10을 만들고, 나머지 9를 모아도 된다. 또는 3에서 1을 먼저 빼내 9와 모으고, 나머지 2와 7을 모아도 된다. 숫자만 가지고 기계적으로 푸는 아이와 머릿속으로 그림을 그려서 모으는 아이는 다르다. 덧셈의 교환법칙을 이미지로 터득한 아이는 다양한 방법으로 덧셈이 가능하다는 것을 알게 된다. 그러면 같은 수를 여러 번 더해 곱셈을 하고, 같은 수를 여러 번 빼 나눗셈을 할 수 있게 된다. 다음처럼 2학년의 수학도 자연스럽게 풀 수 있게 된다.

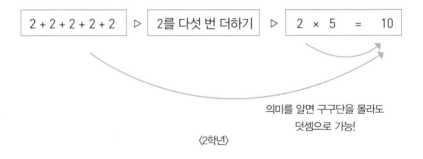

〈2학년〉

1학년 1학기에 덧셈과 뺄셈을 연산으로 시작해 기호화된 형태로 학습하면 모든 수학을 공식으로 외워야 한다. 구구단까지는 암산으로 되는데 그다음이 문제다. 초등학교 3학년은 어떻게든 지나갈 수 있는데, 초등학교 4학년부터는 수포자가 나오기 시작한다. 수학을 외웠기 때문이다.

연산을 빨리하는 것은 암기다. 아이들은 머리가 정말 좋고, 특히 기억력은 더욱 좋다. 반복된 연산 연습은 암기로 나타나 '2+3'이라고 하면 머릿속에 물건 2개와 3개를 합치는 과정이 떠올라야 하는

데, 5라는 숫자부터 떠오른다. 암산은 암기이고 암기는 수학이 아니다. 수학은 암기로 되는 것이 아니다. 초등 저학년일수록 암산에 집중하면 안 된다.

초등 1학년에 수학만 제대로 가르치면 가르기와 모으기로 세 자릿수, 네 자릿수, 그 이상의 자릿수 덧셈과 뺄셈을 할 수 있다. '812-574'를 그림으로 그려서 풀게 하면 10 미만의 뺄셈만 배운 1학년도 계산할 수 있다. 엄마들은 그림을 그리는 과정 없이 바로 암산으로 풀기를 바라는데, 그것은 수학 포기자를 만드는 지름길이다. 그림을 그리거나 수학 교구를 활용해 가르고 모으는 과정을 반복하다 보면 자연스레 머릿속으로 계산할 수 있게 되고, 나중에 숫자만으로 계산할 수 있게 된다. 집에서 할 복습은 시간을 재 문제집을 풀게 할 것이 아니라, 충분한 시간을 주고 집에서 손으로 풀어보는 방식이어야 한다.

학교에서는 주어진 40분 동안 방법을 알려줄 뿐이므로, 집에서 충분히 연습해야 한다. 우리 아이 선생님은 안 가르쳐주시면 어쩌지 걱정되기도 할 것이다. 특별한 선생님이 특별히 가르치기 위해 만든 방법은 아닐지, 몽땅 엄마가 알아서 알려줘야 하는 건 아닌지 걱정될지도 모른다. 아이에게 물어보아도 아이가 모른다거나 배우지 않았다고 한다면, 아이가 덧셈을 안다고 생각하고 학교에서 듣지 않고 와서 그렇다. 학교 선생님들은 모두 이 방법으로 가르칠 것이다. 왜냐하면 교과서에 그렇게 나온다.

교과서는 철저하게 개념 원리를 분석하여 어떻게 하면 아이들이 원리를 파악할 수 있을까를 고민하여 만든 교재이므로, 반드시 교과서를 보고 아이가 복습하게 해야 한다. 아이가 스스로 숫자를 깨우칠 수 있을 때까지 다음 ①~③ 과정을 반복하게 하자.

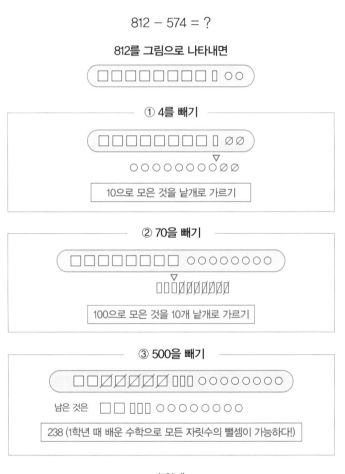

$$812 - 574 = ?$$

812를 그림으로 나타내면

① 4를 빼기

10으로 모은 것을 낱개로 가르기

② 70을 빼기

100으로 모은 것을 10개 낱개로 가르기

③ 500을 빼기

남은 것은

238 (1학년 때 배운 수학으로 모든 자릿수의 뺄셈이 가능하다!)

〈3학년〉

손가락, 발가락으로 더하고, 생각하고, 그리고, 만드는 과정에서 수학적 메타인지가 생긴다. 메타인지는 단순하게 생각하면 스스로 터득하는 과정이다. 아이들에게 충분한 시간을 주면 아이가 어느 날 "아하!" 하고 터득한다. 손가락으로 더하던 과정을 머릿속으로 그려서 더하는 날이 온다. 우리가 이것을 기다리지 못해 아이들을 다그치고 수학이 아닌 산수로 이끄는 것이다.

'6×7'을 아이가 고민하고 있을 때 "외웠잖아, 42잖아!"라고 할 게 아니라 "동그라미를 6개씩 7줄을 그려봐. 그걸 10개씩 묶어서 더하면 돼." 하고 다음처럼 그리게 하자. 그리고 손가락으로 더하게 해야 한다.

①

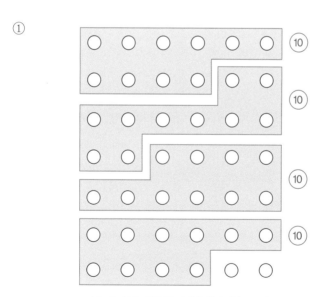

10개짜리 4묶음과 낱개 2개는 42!

②

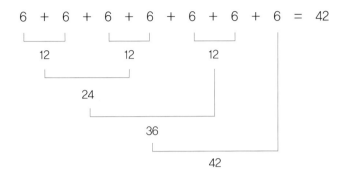

③

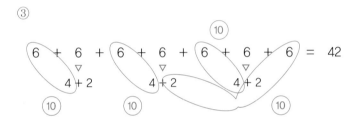

더하는 방법은 ①만이 아니라 ②, ③ 등 수십 가지가 될 수도 있다. 모으기와 가르기가 충분히 학습된 아이라면, 구구단을 외우지 않아도, 곱하기가 가능하다. 손으로 한참 걸려 그리고 있으면 엄마 속이 답답할 텐데, 전혀 답답해하지 않아도 된다. 원리도 모르고 구구단을 외우는 것보다 훨씬 낫다. 수업 시간에는 알든 모르든 모두에게 반드시 그림으로 그려서 풀라고 하는데, 언젠가 아이가 물을 것이다. "이제 안 그려도 풀 수 있는데 안 그리면 안 돼요?" 딱 거기까지만 기다려주면 된다.

심화 문제도 그림을 그려가며 거뜬히 풀어낼 수 있다. 그래야 다음 학년에 올라가 도형의 넓이도 구하고 그래프도 그린다. 초등 수학은 손으로 해야 한다. 메타인지를 키우는 것은 어렵지 않다. 아이가 고민하는 시간을 충분히 주고, 스스로 깨우칠 때까지 기다려주면 된다. 그러니 예습보다는 복습을 잘 시켜야 한다.

경시대회 문제를 푸는 적기, 지금

선행학습을 하면 안 된다. 심화학습이 더 중요하다. 자꾸 선행하려고 하니 공식을 암기하게 된다. 앞선 학년의 문제를 풀어내면 선행하고 있다는 생각이 들겠지만, 공식으로 푸는 것은 암기이므로 한계가 있다. 갓 태어난 아기에게 걸으라 하지 않는다. 아직 젖병도 제대로 못 빠는 아기에게 밥을 주면 큰일 난다. 뇌 발달, 신체 발달이 충분히 되지 않았기 때문이다. 공부라고 다르지 않다.

교과서를 만들 때는 수많은 학자들이 뇌 발달 단계, 아동 발달 단계, 심리 발달 단계 연구 결과를 분석하고 조사한다. 수십 년, 수백 년의 데이터를 바탕으로 많은 집필진이 제 나이에 배울 수 있는 교과 내용을 추리고, 연구하고, 만들어내는 것이다. 교과서 뒷장을 펼쳐보자. 수십 명의 교사와 교수들, 학자들이 한 권의 교과서를 만들기 위해 엄청난 시간과 노력을 투자하여 만든다. 1학년 수학은 1학년이기에 배울 수 있다. 3학년 수학을 1학년 아이들이 풀 수 있다면 타고난 영재이거나 암기다. 영재라면 엄마가 가르치지 않아도 풀 것이고, 엄마가 가르쳤거나 학원에서 배웠다면 암기다.

아이들이 어릴 때는 수학 학습에 교구를 많이 활용하다가 초등학교에 들어오면 문제집과 연필을 들고 머리로 생각하고 암산하게 한다. 교구 수학은 초등학교 6학년까지 필요하다. 교과서 부록에도 아이들이 직접 자르고, 만들고, 그려보게 하는 활동이 많다. 구체적 조작을 많이 해본 뒤에 기호화하여 나타내는 것과 단순히 기호만을 암기하게 하는 것에는 큰 차이가 있으므로, 그림을 그리는 수학을 많이 하면 기초가 단단해진다.

심화학습을 위해서 영역별 사고력 수학 문제집보다는 경시대회 문제집을 추천한다. 교구를 사용해서 경시대회 문제를 풀도록 도와주자. 첫째 아이는 1학년 1학기 심화 문제집을 처음에는 교구를 사용해 모두 풀고, 두 번째는 그림을 그려가며 풀었는데 현재는 교구보다 머리로 계산하는 것을 선호한다. 첫 번째 문제집을 풀 때는 반대였던 것을 생각하면, 아이는 스스로 자신만의 계산법을 만들어 풀고 있다. 물론 나에게 짜증을 내며 묻는다. 도대체 왜 이렇게 풀어야 하는지 징징거리고, 머리를 쥐어 싸매고 앉아 있다.

"화내면서 물어보지 마. 무서워. 그 문제 낸 아저씨한테 가서 화내."라고 하면 "아니, 지금 그 아저씨를 만날 수가 없잖아."라고 한다. 아무튼 이러한 과정을 겪고 아이가 스스로 터득하여 풀고 나면 결국 "내가 풀었어!"라고 하며 신나서 달려온다.

다음은 첫째가 초등 1학년 때 푼 수학 심화 문제다. 이 문제들을 풀기 위해 1시간 가까이 걸렸다. 문제가 어려운 것이 아닌가 싶겠지만, 모두 교과서의 기본 내용을 바탕으로 한 문제다. 다음 페이지에서 1번과 2번의 문제 풀이 과정을 보면 일일이 손으로 그려서 풀기에 오래 걸릴 수밖에 없다. 3번 문제를 자세히 보자. 1학년 수학 교과서에 나와 있는 3가지 기본 개념을 섞어둔 것이다.

1. 조건을 만족하는 두 자릿수 ●◆를 구하시오.

> · ●와 ◆의 합은 9입니다.
> · ●는 ◆보다 1 큽니다.

2. 조건을 만족하는 두 자릿수 ★♣는 모두 몇 개입니까?

> · ★과 ♣의 차는 5입니다.
> · 짝수입니다.

3. 조건을 만족하는 두자릿 수를 모두 구하시오.

> · 10개씩 묶음의 수와 낱개의 수의 합은 10입니다.
> · 10개씩 묶음의 수가 낱개의 수보다 큰 수입니다.
> · 홀수입니다.

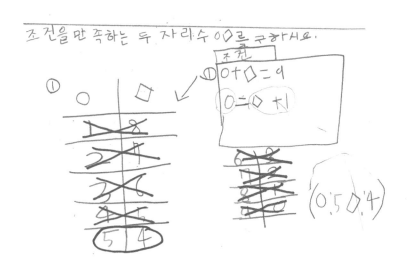

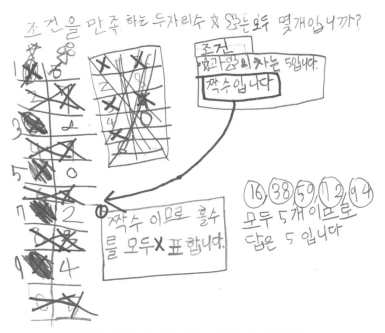

첫째가 풀이한 1번 풀이 과정(위)과 2번 풀이 과정(아래).

먼저 두 자릿수를 보고 10개씩 묶음과 낱개의 의미를 파악하고 있어야 한다. 그리고 앞 조건의 의미와 수의 크기 비교를 할 수 있어야 한다. 마지막으로 짝수와 홀수의 개념을 알고 있어야 한다. 이 3가지 개념 중 하나라도 이해되지 않는 것이 있으면 풀 수 없는 문제이지만, 반대로 각각의 개념이 충분히 이해된 상태라면 주어진 문제를 쉽게 해결할 수 있다. 조건이 이해되지 않는다고 하면 교과서에서 해당 부분을 펼쳐 다시 복습하고 문제를 풀게 하면 된다.

교과서의 기본 내용을 들춰가면서 "와! 여기에 있네. 이것은 이런 의미인가 보다." 하고 가르쳐줘야 한다. "여기 있잖아! 배워놓고 또 까먹으면 어떡해!" 이렇게 몰아세워서는 안 된다. 교과서를 기본 개념서로 활용하고, 경시대회 문제나 심화 문제를 하루에 1~2개씩만 풀게 해보자.

바둑돌, 병뚜껑, 레고 블럭, 빨대, 젓가락 무엇이든 좋다. 교구가 없다면 그림으로 그리거나 색종이를 잘라서 간단히 만들어도 된다. 가령 '6개씩 5묶음과 낱개 2개인 수는 얼마입니까?' 와 같은 문제가 있다면 곱셈으로 접근하거나 식을 만들려고 하지 말고, 우선 그림으로 표현하게 해보자(초등 1학년 경시대회 기본 문제로 자주 등장하는 문제다). 집에 수학 교구가 있다면 직접 교구를 활용해서 6개씩 5묶음을 만들어도 된다. 교구가 없다면 그리게 하자. 다음처럼 그림을 그려놓고 "하나, 둘, 셋, 넷…" 하고 일일이 세는 아이에게는 10개씩 묶어 셀 수 있도록 힌트를 준다.

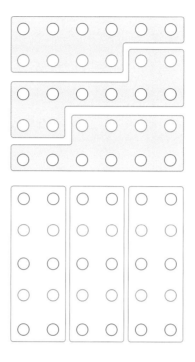

　위쪽 그림처럼 묶어도 되지만, 아래쪽 그림처럼 10개씩 묶어 세기에 더 편리한 방법이 있음을 알려주고, 다양한 방법으로 묶을 수있게 해보자. 10개씩 3묶음이니 30에 낱개 2개를 더하여 32를 알아내면 된다. 엄마는 아이가 머릿속으로 암산하는 모습을 바라겠지만, 수학 문제는 그렇게 풀어서는 안 된다. 초등 3학년에도 그리는아이들이 있다. 괜찮다. 그려서라도 푼다는 것은 의미를 이해하고있다는 뜻이다.

경시대회 문제는 교과서의 단원 순서를 따라 심화 문제로 만들었기 때문에 아이들의 교과 발달 단계에 맞추어 심화학습이 가능하다. 각 단원의 기본적인 개념을 파악했다면 경시대회 문제를 교구로 풀게 하면 좋다. 경시대회에 나가서 상 받기 위해 훈련하는 과정이 아니다. 교과서 단계에 맞는 경시대회 문제를 통해 심화학습을 하는 과정이라고 생각하자. 틀리고 맞는 것보다 엄마와 함께 그림으로 그리고, 교구를 만들어 해결하는 과정에 의미를 두면 된다. 하루에 한 문제를 풀더라도 교구와 그림으로 어떻게 풀지를 의논하고 고민해보자.

교과서 내용을 충실하게 이해할 수 있게 돕자. 충분한 시간을 가지고 그 학년의 과업을 해내야만 다음 학년에서 학습이 결손 없이 이어진다. 초등학교 1학년부터 고등학교 3학년에 이르기까지 모든 교과는 나선형으로 이어져 있다. 이전 학년에서 배운 내용을 이미 충분히 알고 있다는 가정 하에 다음 학년에서 깊이 있는 수업 내용으로 이어지므로, 심화 과정까지 충분히 마쳐야 한다. 그러려면 선행학습에 시간을 쏟으면 안 된다. 암기하도록 가르쳐서는 안 된다. 마음의 여유를 가지고, 다시 저학년으로 되돌아가더라도 아이가 스스로 개념을 익힐 수 있게 기다려주자.

초등학교 과정은 엄마가 풀이 과정을 알 수 있으므로, 아이의 시행착오를 곁에서 지켜보며 정답으로 이끌어줄 수 있다. 중학교, 고등학교 과정은 중고교 교사이거나 학원 교사가 아니고서야 이끌어주기가 어렵다. 엄마가 이끌 수 있는 초등기에 아이가 시행착오를 많이 겪을 수 있도록 연습을 많이 시켜야 한다. 이것이 시행착오인지 아닌지 엄마가 판단할 수 있기 때문이다. 중고등학교에 가서는 이런 경험을 바탕으로 스스로 공부해야 한다. 엄마가 맞는지 틀렸는지 몰라도, 그때는 아이가 더 잘 안다. 그것이 메타인지다.

18

부지런히 버리지 말고 전시해주세요

"왜 버렸어? 이거 내가 학교에서 만든 건데?"

"네가 아무 데나 놔뒀길래 버리는 건 줄 알았지. 그런데 어떻게 찾았어?"

"쓰레기통에 딱 있던데? 버리면 어떡해. 다 구겨졌잖아."

"아니야. 구겨져 있어서 버린 거야. 그럼 잘 챙겨놨어야지!"

"여기에 잘 챙겨놓은 거란 말이야! 왜 나한테 안 물어보고 버려!"

아이가 가져오는 것들을 가끔 버리곤 했는데, 귀신같이 찾아내어 왜 버렸냐고 할 때는 난감하다. 어디에다가 놓을 데도 없다. 심지어 본인도 그걸 소중하게 여기지 않기에 버렸더니 왜 버렸냐고 난리다. 자신은 거들떠보지도 않으면서 엄마는 귀하게 간직하길 바랐을 것이다.

학교에서 활동한 것들을 집에 가져가고 싶어 하는 아이가 있는가 하면, 버리려는 아이들이 있다. 버리려는 아이들은 대부분 만드는 것 또한 대충 만드는데, 어차피 버릴 거라서 그렇다. 누가 버리냐고?

"엄마가 어차피 버려요."

아이들이 열심히 만드는 첫 번째 이유는 선생님께 칭찬받기 위함이고, 두 번째는 엄마에게 보여주기 위함이다. 두 번째 동기가 더 강력하다. 그런데 엄마가 버린다면 이야기가 달라진다. 무엇이든 최선을 다해 만들고, 최선을 다해 학습지를 풀고, 최선을 다해 학교 생활을 하는 아이에게는 엄마의 칭찬이라는 강력한 동기가 있다.

"집에 가져가고 싶어요! 엄마 보여줄 거예요!"

어릴 때부터 자신을 위해 공부하는 아이는 없다. 일차적으로는 엄마에게 받는 칭찬, 그리고 그 만족으로 계속해서 공부할 동기를 부여해나간다. 혹시 아이 가방에 있는 작품들을 '예쁜 쓰레기'라 생각하며 쓰레기통에 버리지는 않았는가? 그 아이들은 어차피 집에 가져가봐야 버릴 걸, 뭐하러 열심히 만드냐 한다. 아이들 말에 깜짝 놀라, 그 말을 들은 날부터는 아이 가방에 들어 있는 예쁜 쓰레기들을 모아 전시해주었다. 아이가 가져온 작품들을 한두 달 창가에 전시해놓은 뒤에 사진을 찍고 "이제 정리해도 될까?" 하고 물은 뒤에 정리하게 되었다. 어차피 버릴 것이 아니라면 자랑스럽게 전시할 작품으로 만들어주기로 했다.

매 순간 학교에서 최선을 다하는 아이로 키우고 싶다면, 아이가 최선을 다한 결과물에 칭찬을 아끼지 말자. 엄마 눈에는 하찮아 보일지라도 아이가 만들었을 정성을 생각하며 진심으로 칭찬하자. "멋지다.", "정말 잘했어.", "고생했다." 그리고 작품을 놓을 작은 공간을 마련해 전시해주면 어떨까? 사진을 찍어 가족들에게 공유해주면 무척 좋아한다.

어린이집에서 매일 접어오는 색종이를 한데 모았다가 주말이면 큰 전지에 종류별로 모아 붙이고, 그림으로 만들어 벽에 전시했다. 동물을 모아 나무 울타리를 그려놓고 동물원을 만들고, 기차를 이어 붙여 기찻길도 만들고, 하늘에 태양 하나 멋지게 그려 풍경을 완성하면 어린이집에서 색종이를 더 많이 접어오는 부작용이 생기지만 그 또한 기특하고 좋다.

어릴 때는 노력을 보상받을 수 있는 곳이 잘 없다. 어른들도 노력에 대한 보상이 없으면 공부를 지속하기가 어렵다. 어른들의 공부는 시험 점수라는 결과로 보상이 되지만, 아이들은 12년간 공부하며 중간중간 부모의 적절한 응원과 보상 없이는 끝까지 끌고 가기가 어렵다는 것을 늘 기억해야 한다.

아이들이 학습지를 풀고 좋은 점수가 나오면 가장 먼저 하는 말이다. "집에 가져가도 돼요? 엄마 보여줄 거예요!" 작고 소중한 아이들의 마음속에는 매일같이 엄마를 기쁘게 할 계획이 들어 있는지도 모른다. 공부를 열심히 해서 엄마를 실망시키지 않겠다는 마음, 엄마가 좋아하니까 공부를 잘하고 싶은 마음이다. 아이들은 좋은 성적을 받아 언제나 엄마를 더 기쁘게 하고 싶다. 미술 시간에 만든 작품들도 모두 엄마에게 선물하고 싶어 한다. 예쁜 꽃을 그리면 엄마에게 드리고 싶다는 아이들의 예쁜 마음에 크게 감동해주자. 아이의 가방 속 예쁜 쓰레기는 최선을 다하는 아이로 자라게 하는 보석일지도 모른다.

19

보이지 않는 손으로
움직이세요

스스로 할 수 있도록 해야 한다고 하니, 아이를 그냥 내버려두는 부모님들이 있다. 아이의 책가방 속에 가정통신문이 일주일째 그대로 있는 아이들도 있다. 자기 주도적으로 아이가 스스로 할 수 있게 두라는 말은 아이를 방치하라는 이야기가 아니다. 엄마가 보이지 않는 손으로 움직이라는 이야기다. 연필을 깎아서 필통에 넣어주지 말고, 아이가 스스로 연필을 깎고 가방 정리를 할 수 있게 옆에서 지켜봐주라는 말이다.

준비물을 스스로 챙길 수 있게 해야 하지만, 매번 빠트리고 오는 것은 문제가 있다. 그럴 땐 알림장을 확인해야 한다. 아이에게 알림장을 보고 숙제와 준비물을 챙기는 방법을 알려주어야 한다. 숙제하고 준비물을 챙기는 것은 아이의 몫이다. 현관 앞에 준비물을 챙겨두어도 들고 갈지 안 들고 갈지는 아이가 결정해야 한다.

등굣길에 안 챙겨온 준비물이 생각나 다시 집으로 돌아와 가져가느라 종종 지각하는 아이들이 있다. 아이가 조금 지각하더라도 선생님께 따로 연락하지 않아도 된다. 아이가 직접 선생님께 말씀드리라고 해야 한다. "준비물을 깜빡해서 다시 챙겨오느라고 지각했습니다. 다음에는 늦지 않을게요." 학교에서 일어나는 일을 아이가 스스로 처리할 수 있게 엄마는 보이지 않는 손으로 움직이자.

간혹 부모님이 문자를 보내시기도 한다. '선생님, 아이가 깜빡하고 숙제하지 못했습니다. 혼날까 봐 학교에 안 가겠다고 하는데 혼내지 말아 주세요.' 이는 아이의 자기 주도성에 도움 되지 않는다. 숙제를 안 한다고 혼낸 적도 없지만, 그렇다고 숙제를 안 해온 아이만 두고 다른 아이만 지도할 수는 없다. 차라리 "숙제를 안 해서 숙제를 하고 가겠다고 합니다. 조금 지각하더라도 양해 부탁드립니다."라고 문자를 보내거나 "선생님, 깜빡하고 숙제를 못 했는데 지금 빨리 해서 낼게요."라고 아이가 솔직하게 말할 수 있게 가르치면 된다. 그런 말을 듣고 아이를 몰아세워 혼낼 선생님은 없다. 아침 시간이나 쉬는 시간을 이용해 숙제할 수 있도록 가르쳐야 한다.

아이가 언제든 도움이 필요하면 부를 수 있는 곳에 부모가 서 있어야 한다. 아이가 도움을 요청할 때는 바로 달려와야 한다. 문제는 요청할 때 달려와야지, 엄마가 섣불리 먼저 달려와서는 안 된다. 지금 달려가고 싶더라도 아이가 요청하지 않으면 우선 기다려야 한다. 아이가 스스로 해볼 수 있는 환경을 만들어주어야 한다. 그리고 아이가 주인공인 무대에서는 뒤에 나와 있자.

듣고, 공감하고, 어떻게 했으면 좋겠는지 묻자

남편에게 힘든 일이 있었다고 하소연하면 남편이 "그럼 그만둬!" 라고 한다. 인간관계에서 감정적으로 불편한 일이 생겨 말하면 남편은 "그럼 안 만나면 되잖아? 아니면 싸우든가?"라고 하는데, 남자들은 그것이 가능할지 몰라도 여자들은 그렇지 않다. 그저 공감해주고 내 편만 들어주면 내가 알아서 할 텐데, 남편은 꼭 그만두라고 해서 사달이 난다. 아이들 문제에서도 마찬가지다.

아이들의 작은 다툼에 엄마가 일일이 나서지 말아야 한다. 아이들끼리 있는 작은 감정싸움이 엄마들의 싸움으로 이어지기도 한다. 가끔 아이들끼리는 별문제가 없는데, 부모들의 감정싸움이 학교폭력 이슈로 이어져 아이들을 힘들게 하는 경우를 많이 봤다. 학교폭력 중재위원회가 개입하면 문제가 쉽게 해결될 것 같지만, 일단 담임교사가 참석할 수 없어서 아이의 편에 서서 도움을 주기가 어렵다.

요즘은 저학년에서도 학교폭력 사건이 종종 발생한다. 진술서를 쓴다거나 담임교사가 아닌 학교폭력 담당교사와의 면담 등이 이어지는데, 저학년 아이들은 피해자라 하더라도 익숙치 않은 상황에서 굳이 경험하지 않아도 될 일들을 어린 나이에 겪어서 버거울 수 있다. 아이의 말을 들어주고, 공감하고, 어떻게 했으면 좋겠는지를 묻고, 어른답게 해결해주자. 아이와 맞지 않는 친구는 매해, 어느 반에나 있다. 그건 어른이 되어서도 마찬가지다. 반을 바꿔 달라고 요청한들, 새로운 반에서 그런 아이를 만나지 않는다는 보장이 없다. 맞지 않는 친구와 거리를 두며 지내는 방법도 익혀야 한다.

아이들이 와서 말하는 것은 어쩌면 감사한 일이다. 엄마에게 말할 수 있기 때문이고, 엄마가 내 얘기를 들어줄 것으로 생각하고 있기 때문이다. 이렇게 아이가 직접 말해줄 때, 올바른 방향으로 잘 들어주어야 아이가 크면서도 계속 말한다. 작은 문제라도 들어주고 지혜롭게 해결할 수 있도록 도와주어야 정말 큰 문제일 때도 아이들은 지체 없이 엄마에게 도움을 요청할 것이다.

그러니 아이들의 작은 말다툼이나 감정싸움에는 엄마가 일일이 나서지 말자. 잘 듣고, 너무 속상하겠다고 공감하고, "어떻게 해결하면 좋을까?" 하고 묻자. 도와달라고 하면 돕고, 기다려달라고 하면 기다려주면 된다. "네가 그렇게 하니까 친구가 그러지. 네가 가만 있는데 그랬겠어?" 질책은 나중 문제다.

뒤에서는 보이지 않는 손으로 아이가 교우관계를 잘 해결해나가도록 도와주자. 필요하다면 담임선생님께 도움을 요청한다. 단, "엄마가 내일 선생님께 전화해서 말해줄게!"와 같은 방식은 안 된다. 이것은 아이를 돕는 일이 아니다. 아이가 모르게, 학교에서 아이의 상태가 어떤지 묻고, 담임교사와 의논해 아이가 스스로 그 문제를 헤쳐나가게 하는 것이 진정으로 아이를 돕는 일이다.

20

좋은 책상
사주지 마세요

"이제 입학하는데 책상 하나 사줘야 하지 않나?" 사줘야 한다. 식탁에서 잠깐씩 공부하던 것을, 이제는 책상에 앉아서 할 때가 온 것 같아 거실에 둘 책상을 샀다. 거실에 둘 크고 긴 책상을 샀다. 아이 입학이 다가오고, 학령기에 접어들면 제일 먼저 생각나는 것이 책가방과 책상일 것이다. 엄마들은 아이가 책상에 스스로 앉아 공부에 집중하는 모습을 꿈꾼다. 꿈이다. 그런 아이는 없다. 아무리 공부 잘하는 아이들도 옆에서 친구가 놀면 같이 놀고 싶어진다. 아이는 아이다.

학교 교사인 나도 인터넷 강의를 들어야 하는 날이면 엉덩이가 들썩인다. 심지어 교육청에서 반드시 의무로 들어야 하는 연수라면 정말 듣기 싫다. 아이들은 더 힘들다. 8시 40분이면 선생님이 앉으라고 한다. 9시까지는 보통 아침 시간인데, 중간중간 10분씩 쉬는 시간을 제하면 아침 9시부터 오후 2시 30분까지 아이들은 앉아 있다. 평일 내내 말이다. 게다가 아이들의 말을 들어보니 보통 학원에 다녀오면 5시가 넘는다고 한다. 9~10시간 가까이 앉아 있는 아이들이다. 집에 와서 또 앉아 있어야 할까?

공부는 외로운 과정이다. 어른들이 집에서 공부하기 힘들 때 독서실을 가고 카페에 간다. 외로움과 싸우며 절에 들어가 공부하지 않는 이상 대부분은 사람들이 있는 곳에서 함께 공부하길 원한다. 더 잘되기도 한다. 공부는 이토록 외롭다.

아이들은 더 외롭다. 초등학교 입학하면 다 큰 것 같지만, 만으로 치면 이제 겨우 6, 7년 살았다. 3세까지는 말도 못 하고 있다가 5세쯤 어린이집에 적응하고, 학교 와서 햇병아리 시절을 보내고 있는 이제야 조금 큰 아이들이다. 이런 아이들에게 책상을 사주고, 방에 들어가 문을 닫고 혼자서 30분간 공부하라고 하면 누가 할 수 있을까?

아이들에게 30분은 정말 긴 시간이다. 초등학교는 40분의 수업 시간을 4~5가지 활동으로 나누어 수업한다. 수업을 시작할 때 아이들의 집중을 끄는 시간 5분, 3개의 활동을 각 10분에 나누어 수업한 뒤 5분간 정리 활동으로 마무리한다. 10분씩 나누는 이유는 아이들이 40분 내내 같은 활동을 하기가 어렵기 때문이다. 집중할 수 있는 시간이 그만큼 짧다.

공부는 시끄럽게 해야 한다

공부는 상대에게 설명도 하고, 질문도 하면서 사람과의 상호작용을 바탕으로 해야 한다. 공부하는 방법 중에는 스스로 가르치며 공부하는 방법이 있다. 내가 나에게 설명하는 방법인데, 아이들의 설명은 부모가 들어주면 된다. 아이들이 말로 설명할 때, 지식의 구조화가 일어난다. 다시 말하면 맞춰지지 않은 퍼즐 조각들처럼 흩어져 있던 지식들이 부모에게 설명하면서 제자리를 찾아가는 것이다. 부모가 단어 혹은 정제된 문장으로 정리해 다시 말해주고, 맞장구치며 공부해야 한다. 아이가 퀴즈를 내면서도 공부하고, 부모가 내는 퀴즈를 맞히면서도 공부한다.

"엄마, 큰따옴표랑 작은따옴표가 뭐였지?"

"그게 어디 나왔어?"

"문제집에 나왔어. 학교에서 배웠는데 잊어버렸어."

배웠는데 잊어버렸다고 말하면 혼내서는 안 된다. 어렴풋하게 기억한다는 것은 수업 시간에 듣긴 들었다는 이야기다. 잘 알려주어야 다음번에도 물어본다. 모르는 것은 물어보면 된다는 것을 가르쳐야 한다.

"네가 좋아하는 책 한 권 가져와 봐. 여기에 콩나물처럼 생긴 이

것이 따옴표인데, 이렇게 2개짜리도 있고 1개짜리도 있지? 이건 왜 2개로 했을까?"

"이거는 맞다. 크게 말하는 거니까."

"맞아! 학교에서 배운 거 이제 생각나지? 그럼 이건 왜 하나지?"

"이거는 생각한 거라서 그래."

"맞아. 잘 기억하고 있네. 말하는 소리는 크게 잘 들리니까 큰따옴표로 표시해서 적고, 마음속으로…"

"아! 잠깐만! 내가 말해볼게! 진짜 말하는 건 크게 들리니까 큰따옴표, 그러니까 2개를 적고, 마음속으로 말하는 건 잘 안 들리니까 작게 작은따옴표로 적는 거야."

"오. 대단한데? 맞았어. 그럼 따옴표에서 따옴이 무슨 뜻인지 알아?"

"몰라? 따옴이 뭐야?"

"따다. 뭘 따왔대. 우리가 아는 것 중에 따는 게 뭐가 있어?"

"따? 몰라."

"과일을 따다. 그런 말 있잖아. 그러면 여기서는 뭘 따왔다는 걸까? 사람들이 말하는 걸 따와서 그대로 적었다는 말이야."

"아, 이제 알았다. 과일을 따는 것처럼 말을 따는데, 큰 소리는 크게 따니까 큰따옴표, 마음속으로 말하는 건 안 들리니까 작은따옴표. 맞지?"

"오! 완벽했어. 그럼 다시 풀어봐. 엄마는 설거지 다시 할게. 모르면 또 물어봐."

엄마가 설거지하는 동안 아이는 부엌 식탁에 앉아 공부하게 하자. 거실 바닥에 누워서 해도 된다. 온종일 의자에 앉아 공부하느라 힘들었을 아이가, 숙제하느라 힘들 때는 엄마 품에서 해도 된다. 엄마의 다리를 베고 누워 한 손으로는 연필을 한 자루 쥐고, 엄마의 쓰다듬는 손길을 느끼면서 따뜻하게 공부해도 큰일 나지 않는다.

학교는 이렇게 두지 않는다. 바른 자세로 앉아 책을 가지런히 펼치고, 의자를 책상에 바짝 당겨 앉아 공부시킨다. 진료는 의사에게, 약은 약사에게, 공부는 선생님에게 맡기자. 그리고 집에선 좀 쉽게 두자. 아이들이 정서적으로 외롭지 말아야 한다. 공부에서만큼은 더더욱 아이들의 정서를 따뜻하게 만들어주자. 메타인지가 자연스럽게 따라온다.

21

글쓰기에 어려움을 느낄 땐
녹음기를 켜세요

학교에서 공부 잘하는 아이들을 살펴보니 학원도 안 다니고, 그렇다고 집에서 뭔가를 대단히 많이 하지도 않는다. 심지어는 "저희 엄마는 공부하라는 말씀은 안 하시지만"이라는 말로 발표를 시작할 때는 너무 궁금하다. 도대체 어떻게 저렇게 잘할까?

아이들과 상담을 하고 일기장, 발표, 숙제를 보면서 느낀 것이 있다. 아무것도 하지 않고 공부를 잘하는 아이들의 뒤에는 부모님과의 탄탄한 유대 관계 속에 따뜻한 '대화'가 있었다. 이를 통해 만들어진 것이 바로 문해력이다. 아이와의 소통은 바로 문해력을 키우는 핵심 열쇠다. 특히 사회생활에서의 소통 능력은 문해력과 관련이 있는데, 부모와의 대화 방식이 친구들과의 대화에도 그대로 적용된다. 부모와의 잘못된 소통은 아이들의 학교생활, 더 나아가 어른이 되어 사회생활에도 영향을 끼친다. 글을 읽어내는 문해력도 중요하지만, 사회적 문해력이 더 중요하다. 잘 말하고, 잘 듣고, 좋은 관계를 맺어나가는 것이 국어시험 100점보다 더 중요하다.

말을 잘하면 글을 잘 쓸 수 있다. 여기서 말은 말수가 많고 적고, 내성적이고 아니고가 아니다. 대화를 많이 하는 것을 의미한다. 아무리 내성적이고 말수가 적은 아이도 차분한 분위기에서 대화를 이끌면 깊고 풍부한 대화가 가능하다. 생각할 시간을 주고 기다려주면 정말 재미있는 대화를 나눌 수 있다. 말수가 적고 내성적인 아이들은 많은 친구 앞에서 말하기를 부끄러워하는 것이지, 대화를 못하는 아이가 아니다. 생각하는 것이 입 밖으로 빨리 나오지 않아서 다른 친구에게 말할 기회를 먼저 내준 것이다. 오히려 글로 쓰라고 하고 충분히 시간을 주면 더 좋은 글을 써내기도 한다.

글 잘 쓰는 아이로 만들고 싶으면 부모와 대화를 많이 해야 한다. 아이의 의견에 귀 기울이고, 엉뚱한 생각들을 존중해주자. 이미 알고 있는 말이라도 처음 들은 것처럼 놀라워하고 궁금하다고 해야한다. 그러면 아이들이 신나서 말한다. 아이에게 엄마와 아빠는 이야기를 들려줄 만한 사람이 되어야 한다. 아이가 그 어떤 주제를 이야기해도 우리 엄마, 아빠가 잘 들어주는 사람이라는 인식을 만들어주기 위해 신나게 들어주자. 아이에게는 엉뚱한 생각도 그 나이에 할 수 있는 가장 재미있는 이야기다. 그럼 사춘기가 되어 할 수 있는 가장 재미있는 이야기도 부모님께 하게 된다. 문해력은 책을 읽고, 글쓰기 학원 가고, 논술 학원에 가서 단기간에 생기는 것이 아니다. 문해력이 있는 아이가 책도 많이 읽고, 글도 잘 쓰고, 논술도 잘하는 것이다. 대화면 충분하다.

글을 막힘없이 쓰게 하는 법

자주 대화하면 아이가 무엇에 관심이 있는지 알 수 있다. 그러면 아이의 생각을 끌어내는 질문도 할 수 있다. 글짓기 숙제가 있다면 녹음기를 켜고 아이와 대화해보자.

"여기 나오는 사람 중에 누가 제일 마음에 들었어?"
"어떤 이야기가 제일 재미있었어?"
"너라면 어땠을 것 같아?"
"맞아! 우리 지난번에 놀러 갔을 때 봤던 거랑 비슷하다."
"어, 맞아! 너 지난번에 그 친구랑 놀다가 똑같은 일 있었다고 했잖아."

녹음한 내용을 그대로 적으면 된다. 그럼 글짓기가 풍부해진다. "독후감 숙제 있네. 책 읽고 빨리 써."라고 하면 어른도 못 쓴다. 책 뒷페이지에 있는 줄거리나 베껴 쓰면 그나마 다행이다. 주요 과목의 풀이 과정을 쓰는 것도 마찬가지다. 아이들에게 풀이 과정을 적으라고 하면 "머리로 생각하면 풀 수 있다."와 같은 문장을 답으로 써내어 선생님들을 기막히게 한다. 그럴 때는 어떻게 풀었는지 말해보라고 한 뒤 아이가 설명하는 것을 녹음하고 그대로 글로 적으면 풀이 과정이 된다.

맥락이 없는 대화는 이어질 수 없다. 어릴 때부터 대화의 맥락을 계속 만들어가면 좋다. 아이와의 경험을 계속해서 나누고, 기억하고, 그때그때 대화의 소재 거리로 꺼내자. 글짓기 숙제, 수학의 풀이 과정, 논술 과제를 스스로 잘 해내는 아이로 키우려면 엄마와 대화하며 숙제할 수 있을 때 이런 연습을 많이 해야 한다. 중고등학교 수행평가, 논술 과제에서 엄마와의 대화를 떠올리며 풍부한 글쓰기를 하게 된다.

많이 말하게 하고, 많이 들어주자. 문장이 앞뒤가 없고, 정리되지 않은 이야기를 할 때는 어려운 단어로 정리해 다시 한번 말해주면 된다. "내가 책 빌리는 데 거기 갔거든. 그래서 이 책을 빌렸는데…"라고 하면 "도서관 가서 대출했구나!" 하고 정리해서 말해주자. 문해력이 뒷받침된 글쓰기의 비법은 학원도 독해 문제집도 아닌 대화다.

22

책 싫어하면
'이것'을 먼저 읽어요

"책을 좋아하는 아이로 키우고 싶으세요?"

이 질문은 정말 잘못됐다. 로맨스 영화는 좋아하는데 액션 영화는 싫어할 수 있다. 그럼 이 사람은 영화를 좋아하는 사람인가? 싫어하는 사람인가? 발라드는 좋아하는데 힙합은 싫어한다. 그럼 이 사람은 음악을 싫어하는 사람인가? 좋아하는 사람인가? 아이의 관심사에 따라 좋아하는 책이 있을 수도 있고, 싫어하는 책이 있을 수도 있다. 책은 아이의 관심사에 따라 즐기면 된다. 그리고 좋아해서 읽는 정도면 된다. 그렇게 따지면 우리 아이들은 모두 책 읽기를 좋아한다. 관심 있는 분야만큼은 말이다.

요즘 책 읽기와 글쓰기 교육이 큰 화두다. 나도 그 대열에 합류한 사람이기도 하다. 우리 아이가 공부를 잘했으면 해서 그 열차에 탑승해서 열심히 가고 있다. 책도 많이 읽게 하고, 부지런히 관심사를 찾아주고, 재미있게 읽어주기도 하고, 서점 나들이도 하면서 두 아이 모두 책을 가까이하는 아이가 되었다.

어릴 때는 뽀로로 영상을 틀어주고 낮잠을 자려고 했는데, 5분이 지나서 아이가 텔레비전을 껐다. "이걸 꼭 봐야 해? 그냥 놀래." 〈겨울왕국2〉가 개봉했던 날, 영화관 데이트를 하고 싶어 둘째는 어린이집에 보내고 첫째만 어린이집을 땡땡이치고 데리고 나왔다. 아이가 좋아하리라 생각하고 기대에 부풀었는데, 아이는 30분 만에 나가자고 했다. 모든 아이가 열광하는 애니메이션인데, 우리는 30분 만에 나가 서점으로 갔다.

연말 여행으로 리조트에 갔던 날, 남편과 맥주 한잔해볼 요량으로 텔레비전 채널을 열심히 찾아, 아이가 좋아하는 〈전천당〉이 나오는 채널을 틀었다. 한 편 보더니 아이가 끄고 싶다고 했다. 너무 오래 보니 기분이 이상하다고 했고, 흑백으로 나온 책 《전천당》은 색깔과 장면을 마음껏 상상할 수 있어 읽을 때마다 색다른 재미가 있는데, 텔레비전으로 보니 상상할 수 없어 재미없다고 했다. 그렇다고 아이가 종일 책만 보거나, 전집을 쌓아놓고 책을 읽는 아이는 아니다. 시간이 나거나 심심할 때, 정말 할 일이 없을 때 펼쳐 든다. 책은 이 정도로 즐기면 된다.

글밥이 많은 책은 아주 긴 호흡으로 읽어야 해서 내용이 재미있어야 한다. 책장을 덮을 때까지 아이가 즐거워야 끝까지 읽을 수 있다. 재미있는 드라마도 중간에 꽉 막힌 듯이 지루하고 답답한 고구마 전개가 이어지면 어떻게 하나? 의리로 보든지, 좋아하는 연예인이 나온다든지, 주인공이 잘생겼다든지 특별한 이유가 없으면 끝까지 보지 못한다. 아이들에게 학습 만화가 인기 있는 이유다. 재미있으니까.

학교에서 재미없는 글을 읽다 오는 아이들

학교 도서관에 가면 아이들은 만화책 2권이랑 대출증을 손에 들고 줄을 서서 기다린다(학교마다 다른데, 만화책은 2권 혹은 3권도 대여할 수 있다. 3권 중에 2권만 학습 만화를 빌릴 수 있게 해둔 학교도 있다). 책 읽기는 아이의 관심사에 근거해서 재미를 위해 읽어야 한다. 그걸 통해서 얻어지는 부수적인 효과는 덤이다. 그래야 나중에 어른이 되어서도 책을 놓지 않고 책 속에서 자신에게 필요한 삶의 지혜를 찾아나갈 것이다.

"우리 아이가 만화책만 읽는데 어떡하죠?"

이렇게 걱정하는 엄마들도 많다. 아이들이 책 안 읽는다고 걱정하지 말자. 아침 9시부터 선생님들은 "책 펴라."로 시작해서 "책 넣고 다음 시간 책 미리 펴라."는 말로 끝낸다. 아이들은 아침부터 집에 갈 때까지 책을 보는 셈이다. 게다가 혼자 읽게 내버려두지 않는다. 다 같이 읽고 혼자 읽어보라 하고, 눈이 다른 데 가 있으면 그 친구에게 읽어보라고 시킨다. 게다가 잘 읽었나 퀴즈도 내고, 학습지 빈칸도 채워야 한다. 음악 시간인데도 교과서를 읽는다. 미술책도, 심지어 체육책도 읽어야 한다.

그런데 문제는 교과서가 참 재미없다. 문제집에 나오는 지문도 재미가 없다. 수능 비문학 지문을 읽어보면 이게 국어 문제인지, 과학 문제인지 모를 만한 지문들이 가득하다. 문제는 아이들이 이렇게 재미없는 글을 집중력 있게 읽어내고 문제를 풀어야만 시험에서 좋은 성적을 얻을 수가 있다는 것이다. 아이들을 위한 책은 어려운 내용도 쉽고 재미있게, 어려운 용어도 쉬운 단어로 바꿔가며 아이들이 책을 덮을 때까지 흥미를 잃지 않도록 쓰여 있지만 교과서는 아니다. 정제된 문장과 함축적인 단어로 핵심만 요약해서 쓰인 격식 있는 글이다.

초등학교 1학년 국어 교과서에 '까닭'이라는 말이 나온다. 아이들이 단어의 뜻을 몰라서 문제를 풀지 못한다. 까닭이 무엇인지 말해보라는 질문에 대답하는 아이가 30명 중에서 5명도 채 되지 않는다. 아이들이 어려운 단어들을 자주 접해야 수업 내용을 오롯이 따라올 수 있다.

학교에 와서 공부에 어려움을 느끼는 이유가 바로 여기에 있다.

정제된 글, 다시 말하면 재미없는 글을 아침부터 오후까지 읽어야 하는 부담감, 지식 전달만을 위해 쓰인 책을 몇 시간 동안 보고 나면 아이들도 지친다.

교과서가 술술 읽히는 가성비 좋은 교재

재미있지만 호흡이 긴 책보다, 교과서의 짧은 글을 읽기가 더 어렵기 때문에 이에 더 많은 에너지를 쏟아야 한다. 어린이 신문을 권한다. 신문 읽기를 통해 정제된 글을 많이 읽고 의미가 함축된 단어에 익숙해지면 교과서 읽기나 독해지문 읽기가 수월해진다.

EBS 〈당신의 문해력〉이 방영되고 대한민국에 문해력 열풍이 불었다. 고등학교 아이들에게 수업에 필요한 단어를 미리 알려주고 수업했더니 수업 이해도와 수업 참여도가 높았다는 내용이 기억에 남는다. 신문 기사에서 한자어나 전문용어, 정제된 문장과 함축된 단어에 익숙해진 아이들은 교과서 읽기가 훨씬 수월하다. 아이가 공부를 잘하길 원한다면 신문을 읽히는 게 큰 도움이 된다.

거기에 호흡이 긴 책 읽기가 더해지면 금상첨화인데, 버거워하는 아이라면 짧은 신문 기사만 읽게 해도 좋다. 좋아하는 연예인 기사나 스포츠 기사, 축구 기사, 강아지 관련 기사 등 아이가 좋아하는 짧은 기사들로 하루 한 편만 읽게 해도, 아이의 교과서 읽기 능력이 몰라보게 발전한다. 읽기 싫어한다면 읽어주자. 교과서를 능동적으로 읽어내는 힘을 길러줄 수 있다.

시중에는 독해력을 키우는 문제집들이 많이 나와 있다. 다양한 문제 유형을 반복해서 문제 풀이 기술을 익히게 하는 문제집들도 분명 좋은 효과가 있지만, 신문 읽기는 현재 상황을 반영한 다양한 영역의 지문들을 접해서 더 능동적인 글 읽기가 가능하다. 재미없는 글을 재미있고 능동적으로 읽게 만드는 것이 신문 읽기의 목적이다.

서술형 시험은 아이들이 문제를 이해하지 못하는 것이 가장 큰 문제다. 해결방안을 제시하라고 했음에도 문제점을 지적하는 아이, 질문에 나온 단어를 몰라서 풀지 못하는 아이, 지문을 전혀 이해하지 못하는 아이들도 많다. 아이들 교과서가 고학년만 되어도 단어가 굉장히 어렵고 문장도 복잡해진다.

어린이 신문도 저학년의 경우에는 이해하기 힘든 기사들이 많다. 익숙해지면 교과서도 읽고, 문제도 풀 수 있다. 문제 풀이식 독해문제집으로는 한계가 있다. 아이들이 배워야 할 것은 문제 푸는 기술이 아니다. 출제자에 따라 문제의 유형이 계속 바뀌는데, 능동적인 읽기가 되면 어떤 지문이 나오더라도 핵심을 파악해서 다 풀어낼 수 있다.

신문 기사에서 교과서로 읽기를 확장하라

어린이 신문에는 사회, 경제, 문화, 과학, 꼬마 기자들이 쓴 기사와 동시, 그림 등 정말 다양한 분야들의 기사가 있다. 같은 주제의 기사를 자꾸 읽다 보면 같은 단어들이 반복되는데, 예를 들어 과학과 관련된 기사에는 "○○대 연구진에 따르면"이라는 말이 있다고 하자. 처음에는 아이에게 "앞에 붙은 ○○은 이름이고, 뒤에 있는 '대'는 대학교를 뜻하며, 연구진이란 연구하는 사람들의 모임이야." 라고 설명해줘야 한다. 그런데 이런 기사를 좋아해서 자꾸 읽다 보면 자연스러워진다. 나중에는 '~진'이라는 말이 나오면, 여러 사람을 뜻하는 말이라는 것을 알게 된다.

찬반론의 기사를 좋아하는 아이가 있다면 계속 비슷한 형식의 글을 읽게 된다. "저는 이 의견에 반대합니다. 왜냐하면 이러한 이유 때문입니다."의 구조를 반복해서 읽게 되는데, 익숙해지면 말로도 나온다. 관련된 책을 읽을 때도 이해도가 높아지고, 관련된 뉴스에 어려운 말이 나와도 이해할 수 있다.

신문을 잘 읽으면 책 읽기로 확장된다. 엄마가 애쓰지 않고 아이의 관심사를 파악할 수 있고, 관련된 책을 찾아줄 수 있어 아이가 책 읽기를 좋아하게 된다. 관심 있는 분야는 시키지 않아도 아이들이 스스로 찾아서 읽는다. 한글을 모르는 아이가 공룡 이름을 죽 외우는 것은 흔한 일이다. 관심 있고 좋아하기 때문이다.

아이들이 커가면 무엇에 흥미를 느끼는지 잊고 지내게 된다. 학교에서 보면 자기소개를 어려워하는 친구들이 많다. 커서 어떤 직업을 가지고 싶냐 물으면 모른다고 하고, 좋아하는 것이라도 써보라고 하면 좋아하는 것이 없다고 말하기도 한다. 학교 공부에 바빠서, 학원 가느라 바빠서 모르겠단다.

신문을 통해서 아이의 관심사를 함께 찾아보자. 어느 날은 관심사가 변했을지도 모른다. 좋아하는 연예인이 바뀔 수도 있고, 관심사를 계속 찾아가다 아이가 진로를 정하게 될 수도 있다. 방문을 닫고 들어가는 고학년 아이와는 대화 거리가 생긴다. 꼭 신문일 필요는 없다. 아이가 관심 있어 하는 분야의 잡지를 활용해도 좋고, 외국 잡지를 읽으면서 같이 공부해나가도 좋다. 아이들이 많이 보는

게으른 육아팁　　　**신문, 잡지로 문해력을 키우는 활동 리스트**

신문이나 잡지로 생일 계획을 짜보자. 생일 파티를 열고 싶은 장소, 초대하고 싶은 유명인, 받고 싶은 선물, 하고 싶은 일, 식사 메뉴를 상상해볼 수 있다. 아이들이 미국의 한 리조트에서 BTS를 초대하고 맥북을 선물로 받고, 2박 3일 동안 잠자지 않고 치킨과 과자만 먹는 생일 계획서를 써내는데, 상상만으로도 신나 한다. 신문이나 잡지로 할 수 있는 여러 가지 활동을 소개한다. 다양한 예시가 인스타그램(@unane_class)에 소개되어 있으니 참고하여 활용해보라.

1. 기사만 읽고 헤드라인 만들기
2. 기사 사진에 이어질 그림을 상상해서 그려보기
3. 봄, 여름, 가을, 겨울 느낌이 나는 사진 찾아 분류하기
4. 사진에 해시태그를 달아보기
5. 신문에 나온 단어로 자기소개 해보기
6. 신문 속 단어나 사진으로 상상 속 우리 집 만들기
7. 신문 기사 사진을 3장 고르고, 이야기 만들어보기
8. 생일 계획서 만들기
9. 신문 속 단어로 끝말잇기 · 빙고 게임
10. 가로세로 퍼즐 만들기
11. 기사에서 육하원칙 찾아보기
12. 신문 기사 사진에서 다양한 색깔 모으기

연예인 화보 잡지를 활용하는 것도 좋은 방법이다. 요리를 좋아하는 아이라면 요리 잡지를, 캠핑을 좋아하는 아이라면 캠핑 잡지를 활용하면 아이와 풍성한 대화 거리가 생긴다. 그렇게 읽다 보면 교과서 읽기는 저절로 따라온다. 이만큼 가성비 좋은 교재가 또 있을까? 교과서가 술술 읽히는 마법의 교재다.

23

한자 급수시험
안 봐도 됩니다

"1. 촌락과 도시의 특징

촌락 문제를 해결하기 위한 다양한 노력을 알아봅시다.

옛날에는 촌락에 사람들이 많이 살았습니다. 그러나 도시가 발달하면서 촌락 사람들이 일자리를 찾아 도시로 이동하여 촌락의 인구는 점점 줄어들게 되었습니다.

"일손이 모자라서 농사짓기가 힘이 드네요."

"엔진 소리가 이상한데 정비소가 너무 멀어."

"젊은 사람들이 없어서 힘들어."

"외국에서 값싼 농산물이 많이 들어와서 걱정이에요."

고령화 현상으로 촌락에 사는 노인의 인구는 조금씩 늘어나고 있지만, 어린이의 수는 크게 줄어들고 있습니다."

4학년 사회 교과서의 내용이다. 촌락, 도시, 발달, 이동, 인구, 고령화, 현상 등 짧은 글 안에 한자어가 많다. 한자어 중 한 자라도 그 뜻을 알고 있다면 어느 정도 뜻을 유추해 의미를 파악할 수 있지만, 단어의 뜻을 모른다면 지문을 이해하는 데 어려움이 많다.

학교에서 수업할 때는 '핵심 성취 기준'이라는 교육 과정 목표에 근거하여 아이들을 가르친다. 그 기준에는 정해진 시기에 아이들이 꼭 배워야 할 핵심 내용이 담겨 있다. 핵심 성취 기준에 도달하려면 중심 단어와 함께, 이를 설명하는 문장까지도 잘 이해해야 한다. 학교 수업에서 아이들이 갖춰야 할 것은 어휘력이다. 어휘력은 교과서 읽기나 시험에서 핵심 열쇠로 작용한다. 단어를 모르고서는 수업을 따라 갈 수 없다.

교과서 학습뿐만이 아니다. 시험을 볼 때 내용을 이해하지 못해서 틀리는 경우보다 시험 문제를 이해하지 못해 틀리는 경우가 많다. "다음 제시된 지문에서"라고 하면, 제시와 지문이라는 단어를 몰라서 질문하는 경우가 있다. "다음 기호가 나타내는 뜻을 쓰시오."라는 말에 1학년 아이들은 기호라는 말이 무엇인지 묻는다. "㉠이 나타내는 의미를 쓰시오."라는 말에 '기역'이라고 답을 써서 내는 경우는 아주 흔하다. 의미를 쓰라고 했는데 잘못 적었다고 이야기해주면 '의미'가 무슨 뜻이냐고 되묻기도 한다.

우리말은 대부분 한자어이고, 교과서는 많은 내용을 함축적으로 제시해야 하므로 내용이 대부분 한자어로 적혀 있다. 수업을 따라가려면 교과서 수준의 어휘력을 갖추어야 내용을 온전히 이해할 수 있다. 그래서 한자 급수시험을 준비시키는 부모님들이 많다. 한자 급수시험을 통해 아이가 큰 시험을 경험해보고, 성취감을 느껴보게 한다면 매우 찬성한다. 하지만 아이가 한자를 외우려 하지 않거나 굳이 시험을 보게 할 필요가 없다고 느껴진다면 할 필요는 없다.

유의미한 학습이 되게 하라

우리가 한자를 직접 읽을 일은 많지 않다. '뛰어넘을 초(超)'라는 한자를 알고 있는가? 우리는 초경량, 초특급 등 초가 들어간 단어를 머릿속으로 떠올리면 어떤 이미지가 떠오르고, 앞에 '초'가 붙은 단어는 어떤 느낌을 나타내는지 알고 있다. 아이들에게 필요한 것은 이 정도다. '超'라는 한자를 쓸 수 있는 것은 그다음 문제다. 우리가 이 한자를 직접 쓰고 익혀도 실생활에서 한자를 쓸 일은 없다.

한자를 배워서 직접 쓸 수 있다 하더라도 자주 사용되는 단어로 만나지 않는다면 어떻게 쓰이는지 알지 못한다. 우리가 한자를 직접 써야 할 일은 한자 시험을 볼 때 말고는 없다. 초특급, 초경량이라는 한자어를 통해서 '초'라는 단어의 의미를 머릿속으로 이미지화 시켜 유추할 수 있으면 된다.

어휘력의 중요성이 대두되면서, 어휘력을 키우는 문제집이 많이 나왔다. 첫째의 어휘력을 키워주려고 문제집을 구입했는데, 일단 재미가 없기도 하고, 문장 속에서 배우는 것이 아니어서 학습했던 단어가 문장 속에 나와도 연결 지어 생각하지 못했다. 시간 낭비, 에너지 낭비인 것 같아 책꽂이에 그대로 꽂아두고 장식품이 되었다.

학습에서는 유의미한 경험이 매우 중요하다. 숫자를 학습지에서 읽고 쓰는 것보다, 시계에서 긴바늘이 어떤 숫자를 가리키는지 알려달라고 하는 편이 숫자 학습에 더 효과가 있다. 하나, 둘, 셋을 가르치며 학습지에 스티커를 붙이는 것보다 밥을 먹으면서 손가락을 3개 편 뒤 한 번 먹으면 접고, 두 번 먹으면 접는 식으로 숫자를 익히게 하는 편이 더 빠르다. "딱 세 번만 더 먹고 그만 먹어.", "딱 20분만 더 보고 텔레비전 꺼. 지금 긴바늘이 숫자 2를 향하고 있지, 20분 뒤에는 숫자 6에 가 있는 거야." 이처럼 매일 나누는 대화 속에 숫자를 넣어 말하면 유의미한 학습이 된다.

어휘력 공부도 유의미한 학습이 되게 하려면, 생활의 문장 속에서 한자어를 '체득'하게 하는 것이 좋다. 한자를 암기하는 것이 아니다. 한자가 쓰이는 많은 문장을 계속 접하면서 자연스럽게 한자어에 익숙해지게 하면 된다. 한 글자, 한 글자 뜯어서 한자를 외울 것이 아니라 단어 속에서 한자의 의미를 머릿속으로 이미지화시켜 느낌으로 떠오르게 도와주어야 한다는 말이다. 초고속이라는 단어를 보고 고속보다 더 빠른 이미지가 떠오르면 된다. 영국 그림책 작가베티나 에를리히Bettina Ehrlich의 말을 보자.

"어떤 어린이 책이든, 어린이가 모르는 말을 조금 넣어야 한다고 생각합니다. (…) 어린이는 자기가 모르는 말 또는 전혀 이해할 수 없는 말을 가장 좋아합니다. 상상력이 풍부한 아이는 더욱 그렇지요. 게다가 어린이 책 여기저기에 새로운 말이 나오지 않는다면, 어린이는 어떻게 어휘를 늘려가야 할까요? 어휘를 늘리고 새로운 표현을 배우는 것은, 그저 말을 배우는 것을 넘어 생각의 영역을 넓히고 이를 바탕으로 분명한 사고방식을 갖게 되는 과정입니다."

아이의 어휘력을 높여주기 위해서는 대화 속에서 한자어를 풀어서 설명하고 어려운 단어를 사용해서 아이와 대화하는 게 도움이 된다. 아이를 위해 쉬운 단어만 사용해서는 안 된다. 이를테면 네비게이션에서 이런 말이 나왔다고 하자. "전방에 과속 방지턱이 있습니다." 아이가 뜻을 물으면 "응. 빨리 달리지 말라고 바닥에 뭐가 있대."라고 하기보다는 "전방에서 전은 앞이고, 방은 방향을 나타내거든? 그럼 전방은 앞쪽 방향이라는 뜻이야."

또 다른 예를 들어보겠다. 아이가 우유를 가져오더니 묻는다. "유통기한이 측면에 있다는데 측면이 뭐야?" 보통은 이렇게 답한다. "옆에 봐봐."라고 하기보다 "측은 옆이라는 뜻이거든. 그래서 측면은 옆면이라는 뜻이야."라고 답하면 된다. 모든 단어를 그리 설명하라는 것은 아니다. 우리가 오고 가며 마주하는 수많은 단어를, 아이가 궁금해하고 물어볼 때 풀어서 설명해주면 된다. 아이는 또 다른 단어가 나오면 어떤 한자어로 만들어진 것인지 궁금해할 것이다. 식당에서도 아이들에게 휴대전화를 쥐여주지 말고 같이 대화해보면 어떨까?

"'음식'이 무슨 뜻인지 알아?"

"'음'? 음이 뭐지?"

"우리가 식당에 오면 물도 주시고 밥도 주시잖아? 물이랑 밥을 주시면 우리가 어떻게 하지?"

"물은 마시고, 밥은 먹지!"

"맞아! 음은 마신다는 뜻이야. 그럼 '식'은 무슨 뜻인지 알겠네?"

"먹는다?"

"맞았어! 음식은 먹고 마시는 것을 말해. 그래서 국이나 반찬 같은 것을 음식이라고 하지."

"여기 식당에서 음이 들어간 단어가 뭐가 있을까?"

"음료수! 음수대!"

"그렇지! 음료수의 음은 마신다는 뜻이지."

"그럼 학교 음악 시간에 음 자도 마신다는 뜻이야?"

"음악 시간의 음은 소리라는 뜻이야. 소리는 같은데 뜻이 다르네?"

만약 엄마도 모르는 한자어의 뜻을 물어온다면 함께 검색하면 된다. "인터넷으로 검색해볼까? 엄마도 무슨 뜻인지 생각해본 적이 없네?" 아이들이 인터넷을 동영상 보고 게임하는 도구로만 생각하지 않고, 학습에 필요한 도구로 생각하게 된다.

마실 음, 마실 음, 마실 음. 10번 쓰고 외우고 시험 보는 불필요한 과정들로 아이들을 힘들게 하지 않아도 된다. 음식점에서 음료수 하나 시켜 마시면서도 아이들과 즐겁게 공부할 수 있다. 살아 있는 공부다. 하루에 하나씩만 알려줘도 365개, 그중 3분의 1을 잊어버린다고 하더라도 아이들이 100가지 한자어의 뜻을 이해하게 된다. 교과서를 읽거나 모르는 낱말이 나와도 이미지화해서 유추할 수 있다. 어휘력은 시험이나 문제집으로 길러지지 않는다. 애써 아이와 씨름하지 말자. 한자 급수시험 말고는 아이가 한자를 직접 대면할 일은 없다. 대화를 많이 하자!

24

엄마가
학교 다니지 마세요

"맞다! 실내화!"

분명히 어제 저녁까지는 빨아놓은 실내화를 아침에 꼭 챙겨 보내겠다고 기억했는데, 아이의 하교 시간이 다 돼서야 고이 넣어둔 실내화가 생각났다. 실내화 없이 어떻게 했냐고 하니 운동화를 신고 생활했다고 한다. 아이에게도 선생님께도 죄송한 마음이 물밀듯 밀려온다. 어린이집 앞에 도착했는데, 아이만 데려오고 가방과 낮잠이불이 없다. 아이를 안 잃어버린 것을 다행이라 위안해본다. 집안일하고 아이도 챙기다 보면, 손에 휴대전화를 들고도 휴대전화를 찾는 일이 생긴다.

학부모님들께서 학교 숙제나 준비물 챙기는 것을 깜빡해 죄송하다 하시며, 아이에게 관심 없는 엄마처럼 보일까 걱정하는 마음이 이해가 간다. 나도 아이 선생님께 죄송한 마음이 든다. 첫째의 스쿨뱅킹 신청하는 것을 잊어버려서 행정실에서 전화를 받기도 하고, 안내문 회신에 매번 늦는다.

　교사는 워킹맘이거나, 워킹맘이 될 예정인 분들이 많다. 반 아이들 입학식 때문에 내 아이 입학식에 못 가는 건 당연하고, 학부모 공개수업, 학부모 상담, 운동회, 졸업식에 못 가서 영상 통화를 하며 발을 동동 구르는 모습이 교사들 사이에선 당연하다. 그래서 학부모 상담이나 학교 행사에 참석하지 못하는 엄마들의 마음을 누구보다 잘 이해한다. 교사가 되고 나서야 진짜 교사를 알게 된 것처럼, 수년간 학교에서 학부모님을 만났지만, 학부모가 되고 나서야 학부모의 마음을 이해하게 되었다.

　자식 가진 부모가 되고 보니 불안하다. 마음이 하루에도 열두 번씩 바뀐다. 선생님께 전화라도 오면 가슴이 콩닥콩닥 뛰고, 문자 하나 보낼 때도 단어 한마디가 신경 쓰인다. '이모티콘을 보낼까?', '웃음 표시를 할까?', "요.'라고 할까? '습니다.'라고 할까?' 선생님인 나도 이런데 다른 엄마들은 오죽할까 싶다. 엄마들의 마음을 선생님들도 충분히 잘 이해하고 있다. 그러니 마음 놓고, 엄마가 학교 다니지 않았으면 한다. 준비물을 안 가져왔으면 학교에 있는 준비물을 사용하면 된다. 친구 것을 빌려 쓰면서 불편함을 느끼면 내 것을 챙겨와야겠다는 마음이 든다. 다음 날 준비물은 빠짐없이 챙겨야겠다고 생각할 것이다.

시험 점수를 받아들고 우는 아이가 있다. 한 아이는 틀린 것이 아쉬워서 울고, 한 아이는 엄마한테 혼날까 봐 운다. 전자의 아이들은 공부를 계속 잘 해낼 것이고, 후자의 아이들은 언젠가 공부에서 손을 놓을지도 모른다. 아이의 공부는 아이가 책임지게 하자. 시험을 못 보면 아쉬워 울어야 한다. 아이의 시험 점수는 엄마의 점수가 아니다.

신경 안 쓰는 엄마처럼 보일까 걱정하지 말자. 선생님들은 아이들을 가르치는 사람이지, 엄마를 가르치는 사람이 아니다. 엄마는 집에서 도와줄 수 있는 일을 하면 된다. 학교에서 일어나는 일은 아이가 스스로 해결할 수 있게 해주자. 준비물을 안 챙겨와서, 숙제를 안 해와서, 시험을 잘 못 봐서 일어나는 모든 일은 아이가 스스로 해결할 일이다. 물론 그렇다고 시험 전날, 놀고 있는 아이에게 아무 말도 하지 말라는 말은 아니다. 시험 보기 전까지는 최선을 다해 공부할 수 있도록 도와야 한다. 비난으로 몰아세우지 말고, 따뜻한 말과 함께 공부할 수 있도록 해야 한다.

"내일이 시험인 애가 지금 이러고 있어? 생각이 있니? 앉아서 공부 안 해? 네 시험이지, 내 시험이야? 네 인생이니까 너 알아서 해라."

같은 내용이지만 말을 조금 바꿔보자.

"내일이 시험인데, 양이 많아서 하기 싫겠다. 그래도 조금 참고 공부하면 내일 시험에서 한 문제라도 더 맞을 수 있을 것 같아. 엄마가 도와줄까? 물론 엄마 시험은 아니고, 네 시험이니까 다 틀리더라도 엄마와는 아무 상관없고, 너와 나 사이에도 아무 일은 일어나지 않아. 그래도 네가 아쉽지 않으려면 최선을 다해보면 어때? 간식 먹으면서 같이 해볼래? 엄마도 내일 할 일을 정리해야 해서 식탁에 앉을까 하거든."

아이가 스스로 공부할 수 있게 돕는 정도면 충분하다. 그리고 시험을 보고 나면, 스스로 아쉬워할 수 있도록 해야 한다. "틀렸어? 어제 엄마랑 같이 했는데 생각이 안 나서 좀 아쉬웠겠다."

"오늘 준비물 안 가져갔어." 하면 "그래서 어떻게 했어?"라고 물으면 된다. 혼나든, 친구한테 빌리든, 선생님께 빌리든 어떻게든 해결했을 것이다. 마무리는 이렇게 하면 된다. "잘했어. 다음에는 잘 챙겨보자."

25

진정한 금수저는
흙수저입니다

금수저는 3대가 먹고산다는 말도 있었는데, 요즘은 물가도 오르고 집값도 많이 올라서 그렇지도 못하단다. 금수저는커녕 은수저도 물려주지 못할 것 같아 우리 아이들에게 미안하기만 하다. 수도권에 살던 집을 내놓고 지방 소도시의 주택으로 이사 올 때 사람들이 경제적인 부분을 많이 걱정했다. 나도 걱정하지 않은 것은 아니다. 그렇지만 속상한 마음을 보상받을 수 있는 것이 하나 있다면 아이들에게 줄 따뜻한 가정환경이다. 열심히 돈 공부해서 은수저라도 주고 싶지만 일단은 아이들에게 가장 먼저 흙수저를 주기로 했다.

내가 만난 공부를 잘하는 아이들, 정말 괜찮은 아이들의 뒤에는 아이들이 단단하게 뿌리내릴 수 있는 양분이 가득한 부모라는 토양이 있었다. 아이들은 언제나 편안하게 기댈 수 있고 누울 수 있었다. 이 아이들이 내려놓은 뿌리가 비록 작고 가늘더라도, 그 어떤 바람에도 흔들리지 않도록 단단하게 잡아준다. 나도 아이들이 뿌리를 잘 내릴 수 있도록 따뜻한 흙 같은 부모가 되기로 했다.

25세, 갓 발령 난 초임 교사인 내게 학부모 상담에서 반말하는 학부모님도 계셨다. 아이도 안 낳아 보신 분이 뭘 아냐며 학부모 상담에 오지 않는 분도 계셨다. 그런데 내가 만난 공부 잘하는, 아니 공부 잘하는 것을 넘어서 저 아이처럼 키우고 싶다고 생각한 그 친구는, 부모님께서 학교에 오시면 나를 깍듯하게 대해주셨다. 아이가 분명 그 모습을 보고 배웠을 것이다. 학원 하나 다니지 않고도 모든 과목을 성실하게, 매시간 고개를 끄덕이며 수업을 들었던 그 친구의 뒤에는 단단하고 따뜻한 부모가 있었음을 부모님을 만나 뵙고 알았다. 부모님은 매 순간 이야기에 고개를 끄덕여주셨다. 아이는 말했다. 엄마는 늘 이야기를 잘 들어주신다고 말이다. **가정에서 만들어주는 학군이 진짜 학군**이다.

맞벌이하며 아이를 잘 챙겨주지 못해 늘 마음이 쓰인다는 학부모님이 생각난다. 학부모 상담에도 참석하기 어려울 정도로 바쁘셔서 전화로 상담을 대신하기도 했다. 그런데 그 아이는 늘 정서적으로 따뜻하고 부족함이 없어 보였다. 부모님이 잘 못 챙겨주셨지만, 부모님의 단단한 마음 위에 공부를 잘했다. 심지어 오빠는 아팠다.

선천적인 문제로 오빠가 큰 수술을 해야 할 때마다 아이는 이모 집, 할머니 집을 전전해야 했다. 그런데 아이는 늘 괜찮다고 했다. 필통을 보여주며 "저는 엄마가 저를 매일 사랑한다는 것을 알아요."라고 했다.

아이의 필통 안에는 "엄마가 매일 사랑해."라고 적혀 있었다. 메시지 내용은 매일 바뀌었지만, 하루도 거른 날이 없었다. 아이는 매일 아침 오늘은 이런 말을 적어주셨다며 수줍게 말했다. 말수가 적은 아이였지만 그 순간만큼은 늘 말이 많았다. 어떤 학군이 좋은 학군인지 아이들을 통해서 알게 된다. 경제적으로 좋은 학군에서도 정서적으로 불안한 아이들을 많이 만난다. 부모가 돈이 얼마나 있는지는 중요하지 않다. 얼마나 좋은 집에 사는지도 중요하지 않다. 정서적으로 따뜻한 곳이 좋은 학군이다.

흔히 아이를 그릇에 비유한다. 그릇이 단단해지기 위해서는 부모가 아이에게 주는 흙이 좋아야 한다. 좋은 흙이 되어주고, 아이에게 좋은 흙을 물려주면 된다. 건조하고 딱딱한 흙으로는 그릇을 만들 수 없다. 그릇을 만들기 전, 좋은 흙과 좋은 물로 잘 반죽해서 물레에 올려야 한다. 아이가 어렸을 때는 잘 반죽하는 것이 좋고, 아이가 크면서는 바닥을 넓게 만드는 것이 중요하다. 그래야 그릇이 마르는 과정에서도 갈라지지 않고 잘 마를 것이다. 뜨거운 불 속에서도 깨지지 않고 잘 견뎌 좋은 그릇이 될 것이다.

아이가 그릇을 크게 만들고 나면 채우는 것은 아이가 알아서 채운다. 엄마가 상상할 수 없는 것들을 채운다. 엄마가 그릇을 채우려고 하면 딱 엄마 그릇만큼밖에 못 채우는데, 엄마가 아는 것은 아이가 아는 것을 넘어서지 못하기 때문이다. 엄마 그릇보다 크게 키우려면, 놔둬야 한다. 아이라는 그릇은 얼마나 큰 그릇으로 자랄지 모른다. 아이 스스로 그릇을 키우도록 엄마는 지켜봐주기만 하면 된다.

둘째는 4세부터 혼자 샤워를 하고, 양치하고, 로션 바르고, 옷을 입었다. 어설프게나마 머리도 혼자 빗는다. 다들 잘 씻냐고 불안하지 않냐고 묻는데, 처음 혼자 씻겠다고 할 때는 옆에 서서 지켜보았다. 혼자 씻은 지 1년이 지나자 야무지게 잘 씻게 됐다. 드라이기는 아이가 써보겠다고 해서 혼자 하게 두었다. 다만, 안전한 드라이기를 쓰게 하고 약한 바람을 트는 방법을 알려주었다.

제대로 씻지 못할까 봐 불안할 때마다 아이들 몸이 더러우면 얼마나 더럽겠냐고 스스로 다독였다. 이제 첫째와 둘째는 서로 머리에 비누가 있는지 살펴봐주기도 한다. 여름에는 땀나면 혼자 샤워실에 가서 물 샤워만 하고 오는데, 가끔 혼자서 씻으러 가면 엄마에

게으른 육아팁 **아이에게 매일 사랑을 전하는 방법**

아이의 알림장을 펼쳐 "엄마가 정말 많이 사랑해!"라고 아이 몰래 적어놓자. 학교에서 알림장을 쓰다 발견한 엄마의 사랑에 아이가 기뻐할 것이다. 매일 가방에 넣어 보내는 물병에 사랑한다고 적어 보내자. 물을 마실 때마다 엄마의 사랑을 마시도록 하자. 아이가 잘 때 필통에 메모지를 몰래 넣어두자. 아침에 학교에서 필통을 여는 순간 엄마의 사랑이 튀어나오게 하자!

게 도움을 요청한다. "엄마, 나 다 했는데 비누 남았는지 봐줘!"

불안해하지 않고 아이를 믿어야 한다. 경제적으로 풍족하지 않은 것은 지금 시대가 그렇기 때문이다. 나중에 아이들이 살아갈 시대는 어떻게 될지 모른다. 아이들이 자신을 믿고 성장할 수 있도록 좋은 가정환경을 만들어주어야 한다. 좋은 아파트, 좋은 집이 전부가 아니다. 비싼 가방, 화려한 옷을 사준다고 아이가 높은 자존감을 얻는 게 아니다. 엄마가 믿어주고, 아빠가 사랑해주는 가정환경이 진짜다. 엄마가 불안해하면 아이도 불안하다. 엄마가 이 환경을 벗어나고 싶어 힘들어하면, 아이도 불안하고 힘들다고 생각할 것이다. 지금 우리 가족은 무척 행복하다고 엄마가 그렇게 생각하고 아이들에게도 그렇게 말해주자. 아이들은 그렇게 믿고 자란다. 좋은 학군, 진짜 금수저는 부모가 만들 수 있다.

놀면서 배우는
영어 학습 추천 목록

영어는 영상 노출이 불가피하다고 어릴 때부터 해야 한다고 하지만, 첫째를 보니 그렇지만도 않았다. 영상 노출이 전혀 없었기에 그다지 자극적이지 않은 영상들에도 큰 흥미를 보였고 습득 속도가 빨랐다. 언어 감각이 훨씬 좋고 말을 잘하는 둘째가 더 어린 나이에 영어에 노출되었으니 첫째보다 더 잘할 것으로 기대했으나 아니었다. 두 아이가 함께 영어 영상에 노출되었지만 첫째의 습득 속도가 훨씬 빠르다. 다음은 내가 아이들의 영어 학습에서 효과를 톡톡히 본 도서와 영상매체들의 목록이다.

1. 아웃스쿨Outschool

영어 공부에는 돈을 쓰지 않았지만, 첫째는 갑작스럽게 떠난 프랑스 국제학교에서 1학년 영어 수업을 제법 따라갈 수 있을 정도로 영어 실력을 갖추었다. 검색창에 '아웃스쿨'이라고 검색하면 된다. 화상영어 수업 사이트인데, 초반에는 한국어 지원이 되지 않아 영어를 할 줄 아는 몇몇 엄마들 사이에서만 알려져 있었다. 현재는 한국어 서비스가 지원되고, 블로그나 카페를 통한 정보가 많으니 활용해보자. 첫째는 "Yes", "No" 외에는 말 한마디 못하는 상태에서 1:1 ESL 수업을 시작했는데 8개월 만에 단어로 의사소통이 가능한 수준이 되었다. 영어를 비롯해 음악, 미술, 사회, 과학 수업도 있고 베이비 수업도 있다. 초반에는 1:1 ESL 수업을 추천한다.

2. 텔레비전 채널 활용하기

넷플릭스, CD, 유튜브 등 영어 듣기를 위한 매체가 많지만 나는 게을러서 잘 활용하지 못했다. 텔레비전 채널은 틀기만 하면 볼 수 있고, 프로그램이 주기적으로 반복되어 나오기 때문에 틀어놓기만 해도 자연스럽게 반복 학습이 되어 좋다. '대교 베이비티비' 채널 같은 어린이 채널도 좋다. 영국 BBC가 운영하는 어린이 채널 씨비비스Cbeebies는 원래 자막이 없었는데, 갑자기 한국어 자막 서비스를 시작하여 난감하기도 했다. 나는 자막 부분을 종이로 가려놓고 보여주었다.

3. 리딩북 ORT Oxford Reading Tree

이야기를 기반으로 만든 리딩북이다. 1권에서 나온 단어가 2권에서 반복되어 나오고, 굉장히 간단한 문장에서 복잡한 문장으로 차츰 단계를 높여간다. 5단계에서는 마법의 열쇠가 반짝이면 새로운 세계로 들어갔다 오는 판타지적인 요소가 있는데, 첫째는 판타지 요소가 들어간 책을 좋아해서 5단계에서 갑자기 영어책 읽기에 푹 빠졌다.

매일 2권씩, 세이펜으로 찍고 따라 읽기를 6개월을 했다. 책이 얇고 글이 짧아서 한 권을 읽는 데 3분이 걸리지 않는다. 재촉하거나 확인하거나 묻지 않았음에도 아이가 스스로 파닉스를 떼고 책을 읽을 수 있게 되었다. ORT 활용법은 검색하면 많이 나와 있으므로 본인에게 맞는 방법을 골라서 하면 되는데, 7~8세에 시작하는 것이 가장 좋은 것 같다. 특히 아이들의 한글 수준이 높을수록, 영어도 그에 맞는 수준으로 습득한다는 것을 첫째와 둘째를 비교하며 알게 되었다. 첫째는 어린이 신문을 꾸준히 읽어 한글 단어 구사 능력이 또래에 비해 높은 편인데, 해석하거나 단어를 이해할 때 한글을 아는 만큼 영어를 이해하는 모습을 보였다. 한글을 먼저 가르치고, 한국어로 표현할 수 있는 배경 지식이 많을수록 영어 구사력도 그에 맞게 높아졌다. 둘째도 한글을 더 완성도 있게 가르친 후에 영어를 가르칠 예정이다.

4. 유튜브 '알파블록스Alphablocks'

알파벳과 파닉스를 가르칠 때 도움이 되는 영상이다. 유튜브에 알파블록스를 검색하면 된다. 7~8세에 문자를 함께 가르칠 수 있는 나이에 보여주면 매우 효과적이다. ORT를 매일 2권씩 읽기 시작할 때 알파블록스도 함께 보여주었는데, 파닉스를 떼고 스스로 읽을 수 있도록 도움을 많이 받았다. 둘째도 함께 보았지만, 알파벳 소리가 어떻게 나는지는 알아도 그것을 문자로 바로 연결 짓기에 무리가 있었다. 오히려 영상에 중독되는 듯해 둘째가 어린이집에 가거나 낮잠을 잘 때 첫째 학습용으로만 보여주었다. 그만큼 재미도 있고 학습 효과도 있나. 유튜브로 먼저 보여주고 아이가 좋아하면, 알파블록스 DVD를 구입해도 괜찮다. 워크북이 함께 들어 있어 활용하기 좋다.

5. 유튜브 '아트 포 키즈허브Art for Kids Hub'

영어를 몰라도 따라 할 수 있다. 간단한 그림 그리기, 종이접기를 영어로 들으며 활동할 수 있어 무의미한 영어 흘려듣기보다 효과적이다. 유튜브에서도 검색할 수 있지만, 검색창에서 검색하여 홈페이지로 들어가면 카테고리별로 정리되어 있어 활용하기 좋다.

수학적 사고력을 키우는
교구, 교재 추천 목록

몬테소리 수학, 가베 수학는 유아기에 많이 들어봤음 직한 교구다. 아이가 6~7세가 되면 중고 마켓에 팔려는 엄마들에게 말해주고 싶다. 초등학교 6학년까지 가지고 있어야 한다고 말이다.

1. 몬테소리 우표 놀이

덧셈과 뺄셈을 직관적으로 이해하는 데 가장 좋은 교구다. 학교 교과서의 부록에는 이 우표 놀이를 종이로 만들어 실어두었다. 학교에서는 종이를 일일이 뜯어서 교구를 만드는데, 책상 위에 놓기도 쉽지 않고 잃어버리는 일도 많다. 혹시 집에 있다면 버리지 말고, 없다면 중고 마켓이나 우표 놀이 단품으로 인터넷에서 구매할 수 있으니 초등학교 저학년까지는 우표 놀이로 덧셈과 뺄셈을 할 수 있게 해주자. 나는 중고 마켓에서 아주 싼 값에 수학 교구를 집에 들였다. 그리고 아이들에게 연산 문제집을 우표 놀이를 이용해 풀게 한다. 시간을 재거나 촉박하게 풀게 해서는 안 된다. 수학 교과서를 집으로 가져오게 하거나, 한 권 더 준비해 집에서 우표 놀이로 복습하게 하자. 충분히 연습이 되면, 저절로 머릿속으로 계산하게 된다.

2. 가베

유아 수학에서 가베를 많이 사용하는데, 사실 초등 저학년에서 고학년까지 사용할 수 있는 교구다. 도형을 사물로 직접 만지면서 개념을 터득할 수 있다. 어린 나이에 할 수 있는 가베 활동이 있고, 초등 저학년, 초등 고학년에서 할 수 있는 가베 활동이 따로 있다. 학교에서는 모두에게 하나씩 사줄 수 없어 종이 모형을 이용한다. 바로 교과서 뒷면에 있는 가베 형태의 부록이다. 가정에서 어릴 때부터 사놓으면 본전을 뽑을 수 있다. 유아기 때는 자석 가베가 좋고, 초등 저학년에서는 일반 가베가 좋은데, 자석 가베를 중고로 들여온 나는 일반 가베를 사면 더 좋았겠다는 생각이 든다. 더 오래 활용할 수 있다. 요즘에는 가격이 저렴한 것도 많이 나와 있으니 비싼 것은 피하자.

3. 초등 수학을 돕는 교재

부모나 교사들을 위한 몬테소리 이론서는 많은데, 아이들이 혼자 할 수 있는 워크북은 찾기 어렵다. 엄마들이 아이들을 직접 데리고 가르치지 않아도 되고, 방문 교사 없이도 교구만 있으면 아이가 스스로 할 수 있도록 만들어진 워크북이 있어 소개한다. 교구보다 교재가 훨씬 싸기 때문에 교재를 먼저 사서 보고, 어떤 교구가 필요한지를 파악해서 꼭 필요한 교구만 단품으로 구입하면 경제적이다.

① 몬테소리 교재《수학 공부를 위한 나의 몬테소리 교재(Mon grand cahier MONTESSORI pour progresser en MATHS)》

프랑스 몬테소리 교재인데, 초등 저학년부터 중학년까지 몬테소리 교구를 활용해 개념을 잡을 수 있어 추천한다. 아마존을 통해 구입할 수 있다. 불어로 되어 있으나, 그림으로 충분히 내용을 파악할 수 있다. 7세(7ans)용으로 구입하면, 덧셈과 뺄셈, 곱셈과 나눗셈, 분수까지 개념이 나와 있어 초등기 내내 활용할 수 있다.

② 가베 교재《엄마표 수학가베 놀이》

6~12세에 활용할 수 있는 수학 가베 활동을 소개한 책이다. 교과서의 개념을 가베를 통해 손으로 조작하고 눈으로 직접 확인할 수 있다. 가베를 어떻게 활용해야 할지 모르겠다면 이 책을 추천한다.

③ 경시대회 문제집《성균관대학교 경시대회 수학 기출문제집 초등1》

경시대회 문제는 경시대회별 홈페이지에서 다운받을 수 있으나, 번거롭다면 성균관대학교 경시대회 기출문제집을 추천한다. 21번부터는 문제가 어려워지니 풀 수 있으면 풀되, 1~20번 문제까지만 풀어도 된다. 앞부분의 문제도 쉽지 않다. 전기는 1학기, 후기는 2학기 범위이므로 이전 학년의 문제집을 먼저 풀어보기를 추천한다. 가령 1학년 2학기가 시작되었다면 1학년 1학기를, 3학년이라면 2학년부터 풀게 하는 것을 추천한다.

블로그를 보면 아이가 혼자 방에 들어가 1시간 동안 문제집을 풀고 나왔다는, 경시대회 준비를 위한 후기가 있는데 읽지 말자. 경시대회에 내보내는 것을 목표로 하는 것이 아니라, 심화 문제를 접하고 기본 개념이 어떻게 활용되는지를 알려는 것이다. 부모와 함께 한 문제씩 차근차근 풀어가면 좋다.

혼자 두지 마세요,
혼자 하게 두세요

어려운 수학 문제를 내주고, 아이들끼리 해결해보라고 한다. 아이들이 나보다 더 잘 가르칠 때가 많다. 무엇을 모르는지, 무엇이 이해가 안 되는지를 친구들이 더 잘 알아주기 때문에 가려운 곳을 팍팍 긁어가며 잘 가르쳐준다. 초보자의 마음은 초보자가 제일 잘 안다. 선생님이기도 하고 학부모이기도 한 내가, 오히려 아이들을 대학까지 보낸 엄마가 아니기에 이 시기에 무엇이 궁금한지 제일 잘 안다. 그래서 제일 오지랖을 부릴 수 있는 때가 아닌가 싶다.

그러니 이 책에서 좋은 말을 가득 써놨다 하더라도, 누군가가 나를 완벽하게 좋은 엄마로 생각하진 않았으면 좋겠다. 이 책은 내가 나에게 하는 다짐이자, 조금 먼저 엄마가 된 이가 부리는 오지랖 정도로 생각해주면 좋겠다. 학교에서 공부 잘하는 아이들을 매일 만나고, 대학에서 교육학이라는 것을 전공하였기에 조금 더 지식이 있는 것일 뿐이다. 나 또한 욱하고 밤에 미안해하는 엄마다.

나만의 공부법을 찾기 위한 전 단계

여행에서는 어떤 일이든 에피소드가 되고 추억이 된다. 길을 잃고 헤매는 낯선 동네마저도 새로운 관광지가 된다. 아이들의 공부도, 아이들의 인생도 여행처럼 흘러가면 좋겠다. 도대체 얘는 커서 뭐가 되려고 이러나 싶은 아이 중에 정말 크게 된 아이들이 많다. 뭐가 되려고 그러나 하면서 엄마가 내려놓기 때문이다. 엄마가 못 말려서 아이가 끝까지 해내기 때문에 뭐가 되도 된다. 스스로 하고 싶어 하는 일이기 때문에 끝까지 해내는 힘이 있다. '뭐가 되려고 저러나? 너 알아서 해 봐라.' 하는 마음이 아이를 포기하는 마음이 아니다. 포기하는 것과 내려놓는 것은 종이 한 장 차이지만 결과는 완전히 다르다.

아이들은 기적적인 능력이 있다. 가르치지 않아도 뒤집고, 가르치지 않아도 앉는다. 옆에서 엄마, 아빠가 하는 말소리만 듣고도 말을 깨우친다. 어른들이 외국에 나가서 3년 산다고 말을 깨우칠 수 있을까? 아이들은 가능하다. 3~4세에 어른들과 대화할 수 있을 만큼 말을 한다. 어른들은 이런 아이들을 조바심으로 기다리지 못한다.

아이가 할 수 있는 것들을 제약 없이 스스로 함으로써 주도성과 자율성을 충분히 채워야 한다. 이때 공부할 기초적인 힘이 길러진다. 뭐든 해볼 수 있게 하고, 위험한 상황이 아니라면 두어야 한다. 죽이 되든 밥이 되든 혼자 하게 두자. 아이들이 아무것도 안 하는 것 같아도 다 생각이 있고 계획이 있다. 천천히 생각하는 아이에게 옆에서 자꾸 훈수 두면 하고 싶은 대로 하지 못한다. 아무 말도 하지 말아야 한다. 결과물이 예쁘게 나오건 아니건, 그건 아이의 몫이다.

부모가 해줘야 하는 것과 아이가 해야 하는 것이 분명히 나누어지면 아이를 바라보는 눈빛에, 아이를 쓰다듬는 손길에 여유가 담긴다. 겉이 깨끗한 아이보다 속이 맑은 아이로 키우려면 아이에게서 여유 있는 마음을 가져야 한다.

아이들이 혼자 떠난 인생 여행에서 나는 그저 괜찮은지 묻고, 도움이 필요한지 물을 것이다. 혼자 떠난 여행이지만, 혼자 있게 하지는 않을 것이다. 도움이 필요할 때는 언제든 손을 내밀 준비를 하고, 정서적으로 따뜻하게 감싸 안고 대화하며, 실수에도 너그러운 마음으로 아이들과 함께 걸을 것이다. 단, 아이의 여행을 부모가 대신 가줄 수는 없다. 인생의 여행이 순탄하고 따뜻하고 즐겁고 행복하도록, 그것을 아이가 스스로 만들어나갈 수 있도록 성인이 될 때까지 든든한 여행사가 되어줄 것이다. 아이들은 분명 잘 자랄 것이다. 우리도 이렇게 잘 자라온 것처럼, 아이들도 지금껏 잘 자라온 것처럼 앞으로도 잘 자랄 것이다. 누군가 내게 이 책을 덮은 뒤에

한 문장만 떠올릴 수 있다면 어떤 말이 남았으면 좋겠느냐 물었다.

"혼자 두지 말고, 혼자 하게 두자."

글을 마치면서 늘 지원과 지지를 아끼지 않는 양가 부모님들, 늘 내게 용기를 주고 언제나 힘이 되어주는 언니와 형부, 언제나 달려와 이모 품에 안겨주는 서영, 성준에게 사랑을 보낸다. 부족한 엄마이지만, 늘 따뜻한 엄마라고 말해주는 서윤이와 연수에게 고맙다. 행복한 삶을 살아내야 할 이유인 두 딸에게, 먼 훗날 엄마가 될, 세상에서 가장 사랑하는 나의 딸들에게 이 책을 보내고 싶다. 남편이 있어 내가 있고 아이들이 있다. 언제나 나를 받아주고, 안아주고, 품어주어 고맙다. 이 책은 남편의 희생과 사랑 위에 만들어졌음을. 존경하고 사랑합니다.

살아가는 모든 순간마다, 내 삶의 모든 선택의 과정에 엄마의 사랑이 있음을 느낀다. 지혜와 소신으로 키워주시고, 스스로 사랑할 줄 아는 나를 만들어준 엄마에게 이 책을 선물로 드리고 싶다.

부록1

초등 입학 준비
- 생활 편 -

입학을 앞둔 학부모들님이 한글, 수학 등 아이들의 학습 준비를 많이 시킨다. 사실 1학년 학교생활에서는 공부보다 더 중요한 것이 훨씬 많다. 공부는 학교에 와서 배우면 되지만, 그 외의 것은 집에서 준비하고 오지 않으면 아이가 당황할 수 있다. 학교는 유치원과는 다르게 딱딱한 분위기여서(책상과 의자, 자기 자리가 정해져 있는 학습적인 분위기의 교실) 공간 자체만으로 아이들에게 주는 위압감과 스트레스가 있다.

교사가 특별히 지시하지 않아도 아이들은 새로운 상황에 노출되어 있다. 당황스럽고 무엇을 어떻게 해야 할지 몰라 망설이고 있으면, 학업도 제대로 따라 갈 수가 없다. 실례로 대변이 급한데 뒤처리를 하지 못해 앉아 있는 아이가 있었다. 손들고 화장실에 같이 가달라고 하는 아이도 있지만, 그렇지 못한 아이들도 많다. 1학년 초에는 긴장하여 배가 아픈 아이들이 많은데, 화장실에 가는 것이 익숙하지 않아 수업 시간 내내 대변을 참기도 하고, 울면서 집에 가겠다고도 한다. 이런 경험이 집에 가서는 학교 가기 싫음으로 나타나기도 한다.

학교생활에 잘 적응하고 준비되어 있으면 당황스러운 일이 줄고, 학교에서도 자신감을 가지고 생활하게 된다. 이는 학습 태도로도 이어진다. 다른 부분에서 돌발 상황이 생겨도 스스로 해결할 수 있다는 자신감이 있기에 공부에도 집중할 수 있다. 아이들이 학교에서 학습적인 부분만으로도 적응하기가 벅차므로, 생활하는 부분에서는 엄마가 준비해주면 좋다. 학교생활에 적응하는 데 큰 도움이 된다.

1 대소변 뒤처리

-수업 시간에도 마려우면 꼭 말하기

-대소변 안 마려워도 쉬는 시간에 화장실 다녀오기

-대변 뒤처리 연습하기

10여 년 전과 다르게, 요즘 아이들은 화장실에 가고 싶다는 이야기를 곧잘 한다. 공부 시간에도 마찬가지다. 10여 년 전 맡았던 1학년 친구들은 뒤처리는 잘하지만 화장실에 가고 싶다는 말을 못 해서 실수가 잦았다면 요즘 친구들은 그 반대의 모습을 보인다.

뒤처리가 익숙하지 않은 친구들은 화장실에 가고 싶지만, 처음 만나는 학교 선생님께 뒤처리를 해달라고 할 수는 없고, 왠지 어린이집 선생님보다 무서울 것 같아 선생님께 말하기가 쉽지 않다. 유치원처럼 언제든 선생님께 말할 수 있는 상황이 아니라, 다 같이 앉아 수업을 듣는 중간에 말해야 하는 상황이므로 아이들이 참는다. 선생님이 도와준다고 해도 낯선 선생님이다 보니 집에 가겠다고 우는 경우도 많다. 어머님들이 학교로 뛰어오시기도 한다. 스스로 깨끗하게 처리하는 연습이 안 되어 있으면 가끔 실수하는 일이 생기거나, 수업에 집중할 수 없는 일이 생기니 가정에서 뒤처리하는 연습을 확실하게 하고 오면 좋다. 화장실용 물티슈를 챙겨 보내는 것도 방법이다.

☀ 2 ☀ 각종 뚜껑 열기

- 우유 팩, 요구르트, 병 음료, 페트 음료, 짜요짜요, 생수병 등을 여는 연습
- 학교에 보내는 물통은 원터치 형식으로 스스로 열 수 있는 것
- 작은 생수를 보낼 경우 뚜껑을 한번 열었다가 닫아서 보내기
- 학교 소풍이나 현장 체험학습에 보내는 음료 등은 내부 마개까지 모두 제거한 후 보내기

학교 급식에는 여러 음료가 후식으로 제공된다. 스스로 뚜껑을 열 수 있도록 연습해오면 좋다. 특히나 음료 뚜껑 따는 것을 선생님

께 부탁하러 오기 위해 자리를 이동하다 식판을 엎거나, 실수로 친구를 치고 지나가 싸움이 발생하는 등 예상치 못한 일이 많이 발생한다. 또 1학년 아이들은 손으로 열다 안 되면, 입으로 열어보려고 시도하는데 가끔 이가 빠지기도 하고, 입으로 열던 것을 다른 친구들이 도와주는 등 여러 가지 사고가 많이 발생한다.

쉬는 시간이나 공부 시간에 아이들이 물을 마시고 싶을 때, 분필을 사용했다거나 손이 더러운 경우는 아이들이 입을 대고 마시는 물통 뚜껑을 열어주기 어렵다. 특히 수업 중간에 갑자기 일어나 물통을 열어달라고 들고 오는 아이들도 있고, 원터치가 아닌 경우 뚜껑을 제대로 닫지 않아 교과서가 다 젖는 불상사가 생기는 일이 빈번하니 참고하자.

⋇ 3 ⋇ 국이 담긴 식판 들고 가기

-수저를 한 손에 들고, 국이 담긴 식판을 들고 가는 연습하기

급식실에서 보면 아이들이 국을 담은 식판을 들고 아슬아슬 걸어간다. 오른쪽 한 발, 왼쪽 한 발 뒤뚱뒤뚱 걷는데 몸도, 식판도 같이 오른쪽, 왼쪽으로 기우뚱한다. 양손에 국물이 흐르고, 반찬과 밥에도 국물이 흥건하다.

어린이집이나 유치원에서는 자리에 앉아 있으면 선생님이 국을 따로 담아주시는데, 학교 급식에서는 그렇지 않다. 한 손에 수저를 든 채로 식판에 음식을 받아서 간다. 가정에서 저녁 시간에 국이 담긴 식판(식판이 없으면 국그릇이라도)을 들고 식탁까지 걸어가는 연습을 해보면 학교에 와서도 식판을 들고 당당하게 걸어갈 수 있겠다.

4 학습지 및 가정통신문 뒤로 넘기기

-나 한 장 가지고 뒤로 넘기기

요즘은 가정통신문을 종이로 받지 않고, 'e알리미'라는 공지 시스템 앱을 통해서 받는다. 그런데 아직 앱을 사용하지 않는 학교도 있어 가정통신문을 잘 챙겨야 한다. 또 학습지도 마찬가지인데, 아이들은 '나 한 장 가지고 뒤로 넘기기'를 처음 해본다.

나는 안 가지고 다 뒤로 넘기는 아이, 받은 종이를 다 가지고 있는 아이, 맨 뒤에 아이는 못 받는 일이 매일 생긴다. "선생님! 저 못 받았어요!" 하면 괜찮은데, 받았는지 안 받았는지도 모르고 앉아 있는 아이들도 많다. 집에서 가족끼리 한 줄로 나란히 앉아 나 한 장 가지고 뒤로 넘기기를 게임처럼 연습해보자.

☀ 5 ☀ 뚜껑에 이름 쓰기

-풀 뚜껑, 사인펜 뚜껑 등 모든 뚜껑에 이름 쓰기

1학년은 뚜껑과의 전쟁이다. 급식 음료 뚜껑, 풀 뚜껑, 사인펜 뚜껑, 네임펜 뚜껑, 보드마카 뚜껑, 요즘은 연필에도 보호 마개를 씌우기 때문에 하루에도 몇 개씩 주인을 잃은 뚜껑을 만난다. 뚜껑에도 꼭 이름을 써서 보내자. 풀 뚜껑에도, 12가지 색깔 사인펜의 뚜껑에도 이름을 모두 써서 보내야 한다. 아이들은 잃어버려도 다 자기 것이 아니라고 한다.

소지품에는 모두 이름을 적어주어야 한다. 특히 외투 안쪽과 가방 안쪽은 필수다. 1학년 입학생들은 비슷한 가방이 많아 섞이는 경우가 많다. 패딩의 계절이 오면 교사들은 분실물 센터 주인이 되거나 경찰이 되어 사건 조사를 해야 한다. 교실에서 바뀐 패딩이 학원에서 또 다른 친구의 옷과 바뀌는 사건이 있어 학부모님과 일주일을 고생하며 찾은 기억이 난다. 패딩의 계절에는 교실에 검은 패딩 스무 벌이 섞여 돌아다니므로 외투 안쪽에도 꼭 이름을 써주자.

☼6☼ 긴 외투, 긴 가방끈

긴 외투와 긴 가방끈은 아이들 발에 밟힌다. 비싸고 좋은 메이커 패딩도 학교에 오면 먼지 위에 굴러다니므로, 아이들에게 좋은 외투는 추천하지 않는다.

① 가방끈 정리

가방끈이 길어서 책상 다리에도 밟히고, 친구가 밟고 다니기도 한다. 사물함에 가방을 넣었더니 사물함에 끈이 껴서 문이 열리지 않는다. 가방끈에 걸려 넘어져 팔이 부러진 친구도 많다. 인터넷 검색창에 '가방끈 정리', '달팽이 모양 가방끈 정리' 등의 키워드로 검색하면 깔끔한 가방끈 정리법이 나온다. 참고하여 정리해주면 밟히거나 다칠 일이 없고, 가방끈이 더러워질 일도 없다.

② 외투 정리

옷걸이가 있는 학교는 외투를 걸어두면 되는데, 없으면 의자에 걸어놔도 떨어지고, 그러다 친구에게 밟혀 굴러다닌다. 겨울 외투, 봄 점퍼는 두 팔을 안으로 접고, 돌돌 말아 모자 속에 쏙 넣어 가방에 넣을 수 있게 연습하면 좋겠다.

7 필통 추천

보관의 기능만 있는, 주머니 하나만 달린 단순한 필통이 좋다.

① 스미글 필통 대형 사이즈 비추천

입학하면 가장 많이 볼 수 있는 필통이다. 가격대가 선물하기 좋아서인지, 입학 선물로 많이 추천하는 글을 보았으나 교사로서는 추천하지 않는다. 너무 커서 책상에 올려놓기도, 서랍에 넣어놓기도 불편해 아이들이 나중에는 모두 작은 필통으로 교체한다. 책상 정리에 익숙하지 않은 1학년은 교과서를 펼치고, 필통을 놓고, 색연필에 사인펜까지 놓으면 책상이 비좁다. 비슷한 유형의 작은 크기의 필통은 괜찮으니 너무 큰 사이즈는 피하자.

② 주머니가 많은 필통 비추천

필통에 주머니가 많으면 아이들은 주머니 하나만 열어보고 없다고 한다. 풀이 없다고 해서 보면 다른 주머니에 있고, 연필이 없다고 해서 보면 앞주머니에 있다. 주머니가 많은 필통은 아이들이 사용하기 어려우므로 피하자.

③ 각진 딱딱한 필통 비추천

플라스틱 필통, 종이 상자형 필통처럼 각진 필통은 추천하지 않는다. 아이들이 친해지면 서로 학용품을 하나씩 나눠 가지고 필통에 넣기 시작하는데, 각진 필통은 뚜껑이 잘 안 닫힌다. 내용물을 다 넣은 뒤 필통을 닫으려는데 뜻대로 되지 않으면 아이들이 수업 시간에 울기도 한다. 플라스틱이면 떨어뜨리자마자 잠금장치가 부서지고 철 필통이면 소리가 매우 크다.

④ 예쁜 인형이 달린 필통 비추천

예뻐서 아이들이 온종일 안고 인형 놀이를 한다. 수업 시간에 지우개 가루가 나오면 인형에게 밥도 먹여준다. 기능이 단순한 필통을 준비하는 것이 좋다.

8 내 것을 먼저 하기

아이들이 인성 동화를 많이 보고, 유치원에서 잘 배워서 다른 친구 돕기를 정말 잘한다. 문제는 내 것을 다 못하고 남을 돕는다. 내 것을 다 끝내고 시간이 남으면 다른 친구를 돕자! 도움을 주는 것은 멋지지만 내 것을 꼭 먼저 끝내고 도울 수 있도록 해야 한다.

집에서도 친구 돕는 것을 강요하지 않았으면 한다. "다른 친구를 돕는 것은 선생님이 해주실 거야. 내 것을 먼저 충분히 최선을 다해서 하렴. 다른 친구가 어떻게 하고 있는지는 선생님께서 다 보고 계시니 먼저 돕지 않아도 괜찮아. 친구가 잘 하지 못할 때 도와주는 것은 좋은데, 공부는 친구가 스스로 할 수 있게 기다려주는 것도 좋아."

부록2

초등 입학 준비
-학습 편-

학부모님들은 학습이라고 하면 보통 한글이나 수학을 떠올리겠지만, 선생님들에게 학습이란 '학습 습관'과 '학습 태도'를 말한다. 공부는 학교에 와서 선생님과 얼마든지 할 수 있다. 가정에서 만들어야 할 학습 습관을 놓치고 한글과 수학 공부만 한다면 아무리 공부를 잘해도 학교생활에 어려움을 느낄 수 있다. 아무도 알려주지 않았던, 공부 잘하는 아이들의 학습 습관을 안내한다.

1 한글 떼기

　이 부분은 사실 담임선생님마다 다르다. 한글을 아직 모른다면 꼭 담임선생님과 의논하기를 추천한다. 나의 경우는 아이가 한글에 아직 관심이 없으면 그냥 오라고 하는데, 그 이유는 입학도 하기 전에 한글을 떼려다 공부에 흥미를 잃으면 안 되기 때문이다. 게다가 입학 전에 급하게 한글을 떼려고 하면 엄마의 조바심으로 부작용이 생긴다. 수백 명의 1학년을 지도해본 결과, 모르고 와도 눈치껏 잘 따라가고, 하다가 2학기쯤 답답해지기 시작하면 와서 가르쳐달라고 한다. 이때가 한글을 배우면 딱 좋은 시기다.

　문자에 관심이 나타나는 시기는 아이마다 다르다. 빠른 아이는 3세에도 관심이 생기는데, 8세에 관심이 생긴다고 해서 늦었다고 생각하지 않았으면 한다. 활동지는 실물화상기로 하나하나 짚어가며 써주고 기다려주기 때문에 할 수 있고, 생각을 써야 하는 학습지는 따로 불러서 아이가 말하는 것을 종이에 써주고 따라 쓰라고 한다. 단, 모르는 것을 창피해하지 않아야 한다! 몰라도 당당하게 지낼 수 있도록 집에서 격려해주자. 모르는 것은 창피한 일이 아니므로 배우면 된다(혹여 의기소침해하고, 선생님께 모른다고 말할 수 없는 아이는 한글을 가르쳐 보내는 편이 낫다).

한글에 관심이 없는 아이들에게는 한글을 모르는 대신 그것을 훨씬 뛰어넘는 자기만의 강점이 있다. 곤충, 공룡 이름 줄줄 외우기, 만들기를 잘한다거나 그림을 잘 그리는 등 문자를 모를 때만 볼 수 있는 커다란 세상을 알고 있다. 한글을 알고 오면 학교에서 학습을 따라갈 때 더 많은 이점이 있는 것은 사실이다. 하지만 모르는 아이를 억지로 시킬 필요는 없다. 우리 아이의 속도에 맞추자!

2 사물함과 책상 서랍을 구분하기

1학년 아이들이 얼마나 귀엽냐면 "우아! 책상 밑에도 책을 넣을 수 있어!" 하고 감탄한다. 하지만 사물함과 책상 서랍을 구분하지 못한다. "사물함에 넣고 오세요."라고 하면 책상 서랍에 넣는 아이가 있고 "서랍에 넣으세요."라고 하면 갑자기 교실 뒤편 사물함으로 간다. 학교 책상에는 '서랍'이 있고, 교실 뒤쪽에는 '사물함'이 있다.

인터넷에서 사진을 찾아 보여주고 서로 다르다는 것만 알고 와도 아이들이 곤란해하지 않는다.

3 파일 구분하고 넣는 연습하기

학교에서는 보통 L자 파일, 클리어 파일(비닐파일)의 2가지 파일을 사용한다. "파일에 넣으세요." 하면 어느 파일인지 모르는 경우가 많다. 가정에서 미리 익숙해지고 오면 좋다. 클리어 파일의 경우에는 비닐에 학습지 넣는 연습을 해보자. 정전기도 나고 비닐 입구가 잘 안 벌어져서 넣기 힘들 때가 많다. 억지로 넣으려다가 학습지가 구겨져 속상해 우는 아이들도 많으니 집에서 연습하면 좋다.

4 교과서 찾기, 쪽수 찾기, 부록 찾기, 부록 뜯기

교과서를 찾아 꺼내기, 해당 페이지를 펼치기, 부록을 찾아서 뜯기. 이 4가지를 못하면 아이들이 수업을 시작하기도 전에 긴장한다. 3월에 교과서를 받으면 한 달은 교과서 《우리들은 1학년》으로만 지도하기 때문에 집에서 교과서로 미리 연습하면 좋다.

① 교과서 구분하고 찾기

3월에 교과서를 받으면 가정에서 교과서를 구분하는 연습을 하자. 집으로 가져오지 않는다면 인터넷으로 보여주고 익숙해지게 하자. 초등 1학년 교과서 목록은 《국어-가》, 《국어-나》, 《국어 활동》, 《수학》, 《수학 익힘책》, 《안전한 생활》이다. 엄마와 함께 《국어-가》 찾기, 《수학 익힘책》 찾기 놀이를 하는 것도 좋다.

아이가 어려워한다면, 쉽게 알아볼 수 있도록 표시해주자. 교과서에 이름을 쓸 때, 교과서 표지 하단에 과목 이름도 함께 써주자. 서랍에서 교과서를 모두 빼지 않아도 금방 찾을 수 있다. 공책 표지 하단에도 어떤 과목의 공책인지 써두면 금방 찾을 수 있어 아이들이 당황하지 않는다. 한글을 모른다면 교과서 하단에 기호로 표시해주자.

《수학》은 123(1), 《수학익힘책》은 123(2)

《국어》은 ㄱㄴㄷ(1), 《국어 활동》은 ㄱㄴㄷ(2)

② 교과서 쪽수 찾기

숫자는 아는데 쪽수를 못 찾는 경우가 많다. 72쪽을 누가 빨리 찾는지 게임을 통해 교과서 쪽수 찾기 연습을 해보자.

③ 교과서 부록 찾기

교과서와 관련된 부록이 뒤편에 있다. 쪽수가 적혀 있어도 아이들이 찾기가 어렵다. 관련된 쪽수와 부록을 연계해서 찾는 연습은 필수다. 부록을 찾기가 어려운 아이라면, 부록을 잘라서 해당 페이지에 끼워주자. 떨어지지 않도록 테이프를 위쪽에 살짝 붙여주는 것도 잊지 말자. 단, 부록을 모두 뜯지는 말고 수업 시간에 선생님과 함께 뜯어볼 수 있도록 하자.

④ 부록 뜯기

드물긴 하지만 부록 뜯기만 30분을 하는 아이도 있다. 도움도 받고 싶어 하지 않는다. 어쩔 수 없이 수업이 끝날 때까지 부록만 뜯기도 하는데, 하다가 찢어지면 울기도 하고 수업에 참여하지 않는 아이들도 꽤 있다. 부록은 우표 뜯는 것처럼 되어 있는데, 종이가 단단하지 않아 아이들이 뜯기가 힘들고, 잘 찢어진다.

찢어져도 붙이면 되니 울지 않도록 일러주고, 집에서는 자르는 선을 한 번 접었다가 뜯는 연습을 해보자. 요즘에는 문제집에도 부록이 많으니 연습을 해두면 수업 시간에 당황할 일이 줄어든다.

☀ 5 ☀ 가위질, 풀칠, 색칠하기

1학년 학습에는 종이를 자르고 붙일 일이 많다. 테두리에 꼼꼼하게 풀 바르기와 경계선에 잘 맞춰서 가위질하는 연습은 필수다. 가운데 부분을 잘라내고 싶을 때는 살짝 접어 가위밥을 내고 그 안으로 가위를 넣어 잘라내는 것도 아이와 집에서 연습해보자. 옆에 앉아서 하나씩 알려주는 것과 칠판 앞에서 혹은 실물화상기를 통해 보는 것은 차이가 있다. 색칠할 때는 하얀 부분이 남지 않도록 꼼꼼히 색칠하고, 색연필로 진하게 색칠하는 연습도 해오면 좋다.

특히 1학년 수행평가에는 그림 그리기가 많다. 얼마나 완성도 있게, 색칠을 꼼꼼히 했는지가 평가의 가장 중요한 요소다. 학교 미술에서 그림 실력은 중요하지 않다. 그림을 잘 그리고 못 그리는 것은 타고난 재능이기 때문에 평가 요소에 반영되지 않는다. 다양한 미술 기법을 알아보고, 다양한 재료를 사용해 표현해보기가 목표이므로 학습 목표나 평가 영역에서 "잘 그렸다."는 말은 하지 않는다. 다음은 초등학교 1학년 미술 영역의 평가 목표다.

- 꾸밀 수 있다.
- 표현할 수 있다.
- 디자인할 수 있다.
- 흥미를 가질 수 있다.
- 활동에 즐겁게 참여한다.

주제를 잘 나타내고, 꼼꼼하게 색칠을 잘해서 완성하면 수행평가에서 좋은 점수를 받을 수 있다. 아무리 잘 그려도 색칠을 대충하거나 다 완성하지 못한 채로 내면 좋은 점수를 받을 수 없다. 초등학교에서는 즐겁게 참여하고, 끝까지 완성하면 동그라미 2개, 즉 초등 수행평가에서 가장 좋은 점수를 받을 수 있다.

☼6☼ 그림 크게 그리기

그림을 잘 그리는 것보다 꼼꼼히 색칠해 완성하는 것이 더 중요하다고 했다. 그런데 여자아이들은 일단 여자아이를 그리고, 머리카락, 머리핀, 옷, 레이스, 목걸이, 구두, 손가락을 그리고 그 위에 매니큐어도 칠한다. 그리고 그것을 구석에 아주 작게 그린다. 그러다 보면 남는 시간은 겨우 10분 남짓이다. 색칠하기가 버거우면 포기한다. 스케치는 잘했지만 완성도가 떨어진다.

남자아이들이 그림을 그린다. 처음엔 남자를 그리다 옆에 전갈도 그리고, 로봇, 어몽어스, 괴물, 불꽃, 칼, 말풍선도 하나 넣어준다. "으악!", "에잇!", "받아라!" 그런데 그걸 다 엄지손가락만 하게 그린다. 색칠하려는데 너무 작으니 파란색 하나로 모두 덮어버린다.

아이들이 그림에 자신감이 없으면 작게 그리기도 한다. 빅터 로웬펠트Victor Lowenfeld의 아동 미술 발달 단계에 따르면 초등 저학년은 전도식기에서 도식기로 넘어가는 시기인데, 도식기에는 친구의 그림을 보기 시작한다. 내 그림과 친구의 그림을 비교하고 모방도 한다. 7~9세가 되면 부모가 아이의 그림에 기대가 생겨서 미술 학원을 보내는데, 그때야 어른들이 보기에 좋은 그림을 그리게 된다.

아이들 고유의 그림체가 모두 다르다. 그림마다 창의성이 넘쳐서 그림을 크게 그리는 것만으로도 어른과 아이들이 보기에 잘 그린 그림이 될 수 있다. 방법을 몇 가지만 알려주면 그림이 확 달라진다. 5분 만에 변신이 가능하다. 단, 아이가 그림을 크게 그리고 있거나 작고 섬세한 그림을 종이 가득 채워서 그린다면 지도하지 않아도 괜찮다. 큰 스케치북 한 귀퉁이에 아주 작게 그리는 아이들에게만 해당하는 팁이다. 1학년의 교육 활동 대부분이 미술 연계 학습이므로 그림 그리기를 크고, 자신 있게 하면 학습에 도움이 된다.

1. 사람의 얼굴은 아이의 주먹만큼, 몸도 주먹만큼 크게 그린다 (사람을 먼저, 소품을 나중에).
2. 밑그림을 먼저 그리고 네임펜으로 따라 그린 후, 연필 선을 지운다.
3. 12가지 색을 모두 사용해본다.
4. 색연필로 꼼꼼하게 색칠한다.
5. 배경색은 색연필을 살짝 부러뜨려서 옆으로 뉘여 색칠한다.
6. 8절 도화지에 한 가지 주제로 그림을 가득 차게 그리는 습관을 갖는다.

자발적 방관육아

2023년 1월 31일 초판 1쇄 | 2023년 7월 31일 14쇄 발행

지은이 최은아
펴낸이 박시형, 최세현

책임편집 김유경
마케팅 양봉호, 양근모, 권금숙, 이주형 **온라인홍보팀** 신하은, 현나래
디지털콘텐츠 김명래, 최은정, 김혜정 **해외기획** 우정민, 배혜림
경영지원 홍성택, 김현우, 강신우 **제작** 이진영
펴낸곳 (주)쌤앤파커스 **출판신고** 2006년 9월 25일 제406-2006-000210호
주소 서울시 마포구 월드컵북로 396 누리꿈스퀘어 비즈니스타워 18층
전화 02-6712-9800 **팩스** 02-6712-9810 **이메일** info@smpk.kr

쌤앤파커스(Sam&Parkers)는 독자 여러분의 책에 관한 아이디어와 원고 투고를 설레는 마음으로 기다리고 있습니다. 책으로 엮기를 원하는 아이디어가 있으신 분은 이메일 book@smpk.kr로 간단한 개요와 취지, 연락처 등을 보내주세요. 머뭇거리지 말고 문을 두드리세요. 길이 열립니다.